Das Werk ist urheberrechtlich geschützt. Die dadurch begründeten Rechte, insbesondere die der Übersetzung, des Nachdrucks, der Entnahme von Abbildungen, der Funksendung, der Wiedergabe auf fotomechanischem oder ähnliche Wege und der Speicherung in Datenverarbeitungsanlagen jeder Art bleiben, auch bei nur auszugsweiser Verwertung vorbehalten.
Bei Vervielfältigungen für gewerbliche Zwecke ist gemäß § 54 UrhG eine Vergütung an den Verlag zu zahlen, deren Höhe mit dem Verlag zu vereinbaren ist.

ISBN 3-937873-00-7

2. erweiterte Auflage
© 2006 HIGHLIGHT Verlagsges. mbH, Rüthen
Printed in Germany
Satz, Umschlaggestaltung: HIGHLIGHT Verlagsges. mbH, Rüthen
Druck und Bindung: Druck Thiebes, Hagen

Vorwort

Dieses Buch richtet sich an alle professionellen Lichtanwender, wie Lichtplaner, Leuchtenbauer, technische Manager von Lichtanlagen als auch an Studenten der Lichttechnik und Experimentalphysik, die ein tiefergehendes Interesse an modernen Lichtquellen und Leuchtmitteln haben.

Die ersten sechs Kapitel des Buches behandeln nach einer kurzen Darstellung der Geschichte des Lichts und der zur Beschreibung von Licht relevanten Größen alle wichtigen heute in der Innen- und Außenbeleuchtung eingesetzten Leuchtmittel. Diese sind neben den Thermischen Lichtquellen, wie Glüh- und Halogenlampen, vor allem die Gasentladungslampen.

Aber auch Licht emittierende Dioden (LEDs) sind immer häufiger in der Beleuchtung anzutreffen. Der Schwerpunkt des Buches liegt also in der Vermittlung von Information über genau die Leuchtmittel, die das Licht erzeugen, das uns alle umgibt, wenn zu nächtlicher Stunde die „Nacht zum Tag" wird. Im siebten Kapitel werden dann Lasertypen und ihre modernen technischen und medizinischen Anwendungen vorgestellt.

Mein besonderer Dank bei der Erstellung des Buches gilt dem Hause Philips Licht für die großzügige Unterstützung sowie Herrn Dr. Erken Schmidt für inhaltliche Anregungen.

Dr. Roland Heinz
Philips Licht

Hamburg, April 2006

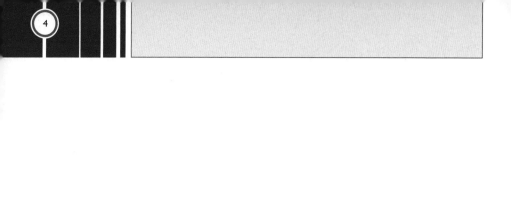

Zur Einleitung

Unsere von großartigen, beeindruckenden Bildern visueller Medien geprägte Welt lässt manchmal den Unterschied zwischen natürlichem und künstlichem Licht verschwimmen; in den Metropolen der Zivilisation wird durch Beleuchtung die Nacht zum Tage gemacht, die globalisierte Produktions- und Dienstleistungsgesellschaft arbeitet unter künstlichem Licht rund um die Uhr.

Eine perfektionierte Lichtgestaltung in der Architektur und dem Stadt- und Landschaftsraum erzeugt dreidimensionale Bilder, die den oberflächlichen Betrachter vergessen machen, dass die Lichtquelle und das Wissen über die Lichterzeugung am Anfang dieser Bilder stehen.

Der professionelle wie der interessierte „Lichtanwender" kommen nicht umhin, sich mit den Grund-Prinzipien von Licht und Lichterzeugung ebenso zu beschäftigen, wie es gilt, spezifische Eigenschaften bestimmter Lichtquellen zu kennen, um sie anwenden zu können.

Das vorliegende Buch informiert über alle anwendungsorientierten Möglichkeiten der Erzeugung künstlichen Lichtes. Von der Glühlampe bis zur modernsten LED werden alle Lampentypen fundiert wissenschaftlich analysiert und erklärt.

Durch seine Aktualität schließt es die Lücke zwischen jüngst erschienenen Publikationen zur Lichtgestaltung und der technischen Fachliteratur, die noch nicht auf die neueren Lichtquellen eingegangen ist.

Prof. Dipl.-Ing. Andreas Schulz
Berlin / Bonn, April 2006

Inhaltsverzeichnis

Seite

Symbole 9

1. Kapitel	**Licht und lichttechnische Grundgrößen**	13
1.1	Die Geschichte des Lichts	13
1.2	Das menschliche Auge	14
1.3	Lichttechnische Grundgrößen und Einheiten	16
1.4	Farbe	19
1.5	Farbwiedergabe	21
2. Kapitel	**Thermische Strahlungsquellen**	25
2.1	Die Glühlampe: Historie, Aufbau und Wirkungsprinzip	25
2.2	Thermische Strahlungsquellen im Modell	31
3. Kapitel	**Halogenlampen**	34
3.1	Der chemische Transport	34
3.2	Aufbau und Wirkprinzip der Halogenlampe	36
4. Kapitel	**Niederdruckentladungslampen**	43
4.1	Niederdruckplasmen	43
4.2	Leuchtstofflampen	48
4.3	Niederdruck-Natriumdampflampen	52
4.4	Magnetische Induktionslampen	54
5. Kapitel	**Hochdruckentladungslampen**	55
5.1	Hochdruckplasmen	55
5.2	Hochdruck-Quecksilberdampflampen	56
5.3	Hochdruck-Metallhalogendampflampen	59
5.4	Hochdruck-Natriumdampflampen	62
6. Kapitel	**Lichtemittierende Dioden (LEDs)**	67
6.1	Elektrolumineszenz	67
6.2	Die Geschichte der LEDs	68
6.3	Lichterzeugung im III-V Halbleiter - einfacher Ansatz	69
6.4	Lichterzeugung im III-V Halbleiter - quantenmechanischer Ansatz	70
6.4.1	Das Energiebändermodell	70
6.4.2	Dotierte III-V-Halbleiter	73
6.4.3	Der pn-Kontakt	74
6.4.4	III-V-Heterostrukturen und Heteroübergänge	76

Inhaltsverzeichnis

Seite

6.5	LED-Technologie	78
6.5.1	Aufbau, Wirkungsgrad und Ankontaktierung von LED-Lampen	78
6.5.2	Die Klassifizierung von LED-Komponenten	85
6.5.3	LED-Ansteuerung	86
6.5.4	LED-Produkte und Applikationsfelder	88
7. Kapitel	**Laserlicht & Laserapplikationen**	93
7.1	Absorption und Emission – Einsteinsche Koeffizienten	93
7.2	Zeitliche und räumliche Kohärenz	94
7.2.1	Thermische Lichtquellen	94
7.2.2	Laser	95
7.3	Laseraufbau und Wirkungsprinzip	99
7.3.1	Der Laserresonator und seine Moden	100
7.3.2	Erzeugung von Laserpulsen	101
7.3.3	Laserklassen	102
7.4	Ausgewählte Lasertypen	103
7.4.1	Festkörperlaser	103
7.4.2	Gaslaser	105
7.4.3	Farbstofflaser	106
7.4.4	Halbleiterlaser (Diodenlaser)	107
7.5	Laseranwendungen	110
7.5.1	Medizintechnik	110
7.5.2	Metallbearbeitung	112
7.5.2.1	Laserschweißen	113
7.5.2.2	Laserschneiden	114
7.5.2.3	Laserbohren	115
7.5.3	Speichern, Lesen und Übertragen von Daten	116
Anhang	Lampenbezeichnungen/Abkürzungen/ Lampenlebensdauern	119
Literaturempfehlungen		121
Stichwortverzeichnis		123

Symbole

A	Oberfläche (m^2)
α, β, γ	stöchiometrische Faktoren
$\beta(\lambda)$	Spektraler Remissionsgrad
A_E	Einsteinkoeffizient der spontanen Emission
B_E	Einsteinkoeffizient der induzierten Emission
c	Lichtgeschwindigkeit (*im Vakuum: $2,99792458 \cdot 10^{-8}$ ms^{-1}*)
C_R	Richardson-Konstante (20 Am^{-2} K^{-2})
D_S	Strahldurchmesser (m)
D	Diffusionskoeffizient
D_0	stoffspezifische Diffusionskonstante
ΔE_i	Farbverschiebung
ΔH	Freie Enthalpie (J)
$\Delta_R G$	Freie Reaktionsenthalpie (J)
$\Delta_R H$	Reaktionsenthalpie (J)
$\Delta \upsilon$	Spektrale Halbwertsbreite (nm)
E	Beleuchtungsstärke (lx)
E_e	Bestrahlstärke (Wm^{-2})
$\vec{E}$	Elektrische Feldstärke (Betrag: Vm^{-1})
e	elektrische Elementarladung ($1,602 \cdot 10^{-19}$ C)
E_{Akt}	Aktivierungsenergie (J)
$E(\upsilon)$	frequenzabhängige Strahlungsenergie (J)
E_A	Austrittsenergie der Elektronen (J)
E_{ex}	Energie des freien Exzitons (J)
E_f	Energie des obersten mit Elektronen besetzten Zustands (J)
E_{phot}	Energie des Photons (eV)
ϕ	Lichtstrom (lm)
ϕ_e	Strahlungsleistung (W)
$\vec{F}$	Farbvalenz
$\varphi_\lambda(\lambda)$	Spektrale Farbreizfunktion
g	Entartungsgrad
G	Verstärkungsfaktor
h	Plancksches Wirkungsquantum ($6,6261 \cdot 10^{-34}$ Ws)
I	Lichtstärke (cd)
I_e	Strahlstärke (Wsr^{-1})

Symbole

I_{el}	elektrische Stromstärke (A)
I_f	Stromfluss durch eine LED (A)
I_{Phot}	Intensität des Photonenstroms
$I_{sätt}$	Sättigungsintensität
I_{thr}	Schwellstrom (A)
j	Stromdichte (A/m^2)
k	Bolzmannkonstante ($1,380658 \cdot 10^{-23}\ WsK^{-1}$)
K	Strahlenkennzahl
k_λ	Wellenzahl (λ^{-1})
k_T	Temperaturkoeffizient
K_A	Gleichgewichtskonstante
K_m	Maximum des Photometrischen Strahlungsäquivalents (683 lmW^{-1})
$K(\lambda)$	Spektrales Photometrisches Strahlungsäquivalent
λ	Wellenlänge (nm)
$\bar{\lambda}$	mittlere freie Weglänge (m)
L	Resonatorlänge (m)
L_e	Strahldichte ($Wsr^{-1}m^{-2}$)
l_{coh}	Kohärenzlänge (m)
m	Masse (kg)
m_e	Elektronenmasse (kg)
m_h	Masse des positiven Lochs (kg)
m_r	Reduzierte Masse (kg)
$\vec{M}$	Magnetische Feldstärke (Betrag: Am^{-1})
n	Brechungsindex
n, l, s	Haupt-, Neben-, Spinquantenzahlen
p	Druck (bar)
π	$3,141592654$
Q	Lichtmenge ($lm \cdot s$)
θ	Öffnungswinkel (sr)
r	Abstand (m)
R	Allgemeine Gaskonstante ($8,314 \cdot J/molK$)
ρ	Energiedichte der Lichtwelle (Jm^{-3})
R_a	Farbwiedergabeindex ($0-100$)
R_{Ohm}	Ohmscher Widerstand (W)

Symbole

S	Strahlungsintensität
S	Poynting-Vektor (Betrag: W/m^2)
$\vec{S}_F$	Spektralfarbenzug
$\vec{S}_F$	Spektralfarbe
$S_\lambda(\lambda)$	relative spektrale Strahlungsfunktion
σ_{21}	Wirkungsquerschnitt des oberen Laserniveaus
S_F	Spektralfarbenvektor
t	Zeit (s)
T	Temperatur (K)
τ	Lebensdauer (s)
τ_{coh}	Kohärenzzeit (s)
T_u	Umkehrtemperatur ($°K$)
ν	Frequenz (Hz)
U_{el}	Elektrische Spannung (V)
V	Volumen (m^3)
V_D	Spannungsabfall der Hochvoltdiode (V)
V_F	Betriebspannung der LED beim Strom I_F (V)
V_{in}	Sekundärspannung (V)
$V(\lambda)$	Spektrale Empfindlichkeit bei Tagsehen (0-1)
$V'(\lambda)$	Spektrale Empfindlichkeit bei Nachtsehen (0-1)
$\bar{v}$	Mittlere Geschwindigkeit (m/s)
Ω	Raumwinkel (sr)
W_b	Bandabstand (eV)
W_{frei}	Bindungsenergie des freien Exzitons (J)
W_i	Ionisierungsarbeit (J)
W_{iso}	Bindungsenergie des Exzitons und einer isoelektrischen Störstelle (J)
W_u	Unbuntpunkt (Weißpunkt)
x	Ionisierungsgrad
X, Y, Z	Normalfarbwert
x, y	Normalfarbwertanteil
$\vec{X}, \vec{Y}, \vec{Z}$	Normalvalenz
$\bar{x}(\lambda), \bar{y}(\lambda), \bar{z}(\lambda)$	Normalspektralwertkurve
Z_r	Schärfentiefe (m)

1 Licht und lichttechnische Grundgrößen

1.1 Die Geschichte des Lichts

Erste grundlegende naturwissenschaftliche Arbeiten zur Natur des Lichtes stammen bereits aus dem 17. Jahrhundert: Die Newtonsche Korpuskulartheorie und die **Huygenssche Wellentheorie**. Die Korpuskulartheorie des vor allem wegen seiner mechanischen Grundgesetze berühmten Isaac Newton (1643 - 1727) beschreibt das Licht als einen Strom von Lichtteilchen, die je nach Farbe eine unterschiedliche Größe besitzen. Damit ließen sich die geradlinige Ausbreitung des Lichts, Reflexion und Lichtfarbe gut erklären. Die teilweise Reflexion und Brechung an Grenzflächen, vor allem aber die Beugung des Lichts, konnte mit dieser Theorie hingegen nicht erklärt werden. Hier erwies sich der Ansatz Huygens (1629 - 1695) als überlegen: Licht breitet sich in Form von schwingenden Wellen aus; jeder Punkt des Wellenfeldes wird als Erregerzentrum einer neuen, sich kugelförmig ausbreitenden Welle angesehen (**Huygenssches Prinzip**). Dieser Ansatz beschreibt Phänomene, wie Beugung und Interferenz von Licht, viel besser. Erst Maxwell gelang es jedoch 1861 die Ausbreitung von Licht als elektromagnetische Welle quantitativ zu beschreiben (Abb. 1.1): Eine Lichtwelle breitet sich im Vakuum immer geradlinig aus. Dabei oszillieren ein Magnet- ($\vec{H}$) und Elektrisches Feld ($\vec{E}$) wechselseitig und senkrecht zur Ausbreitungsrichtung (**Poynting-Vektor**, $\vec{S}$).

$$\vec{S} = \vec{E} \times \vec{H} \qquad \text{(Gl. 1.1)}$$

Die moderne Lichtquantentheorie unterscheidet sich vom Prinzip her nicht gänzlich von den Ansätzen des 17. Jahrhunderts. Im Rahmen des sogenannten **Welle – Teilchen – Dualismus** werden Korpuskular- und Wellencharakter des Lichts als gleichwertig betrachtet. Allein das Experiment, d. h. die Art der Lichtbeobachtung, bestimmt, ob Licht als Teilchen oder Welle in Erscheinung tritt. Für die in diesem Buch gemachten Grundbetrachtungen zur Lichterzeugung erweist es sich als zweckmäßig, Licht im Sinne Plancks als Teilchen (Photon) zu betrachten (Gl. 1.2). Dies erleichtert das Verständnis, woher die Energie des Lichts am Orte der Lichtemission stammt und wo sie verbleibt, wenn Licht wieder absorbiert wird.

$$E_{phot} = h\nu \qquad \text{(Gl. 1.2)}$$

Die Photonen- oder **Quantenhypothese** von Planck (1901) geht davon aus, dass eine Lichtquelle in schneller Folge eine große Zahl sehr kleiner Teilchen der Energie (E_{phot}) und Frequenz (v) emittiert. Dass dieser Ansatz richtig ist, konnte Einstein 1905 mit dem äußeren **Photoeffekt** beweisen (Abb. 1.1). Die Zahl der aus einer mit Licht bestrahlten Metalloberfläche emittierten Elektronen ist nicht proportional zur Amplitude der Lichtwelle, sondern zu ihrer Frequenz. Erst ab einer bestimmten Mindestfrequenz und damit Mindestenergie des Lichts ist dessen Energie ausreichend, um aus einer Metalloberfläche Elektronen herauszuschlagen.

Abb. 1.1 *a) Lichtwelle nach Maxwell (1861), b) äußerer Photoeffekt*

1.2 Das menschliche Auge

Das menschliche Auge nimmt Licht im Wellenlängenbereich von 380 nm bis 780 nm wahr. Licht fällt durch die abbildende Optik, die aus Hornhaut und Augenlinse besteht, auf die lichtempfindliche Netzhaut (Abb. 1.2). Hier wandeln lichtempfindliche Rezeptoren das einfallende Licht in Nervenreize um, die durch den Sehnerv zum Gehirn geleitet und dort verarbeitet werden.

1 Licht und lichttechnische Grundgrößen

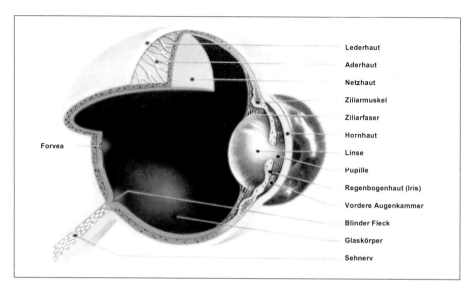

Abb. 1.2 Aufbau des menschlichen Auges

Die lichtempfindlichen Rezeptoren der Netzhaut bestehen aus **Zapfen** und **Stäbchen**. Zapfen kommen in drei verschiedenen Modifikationen vor, die sich durch ihren Absorptionsbereich unterscheiden. Die Kombination der Nervenreize, die diese unterschiedlichen Zapfen hervorrufen, ermöglicht das **Farbsehen**. Die Stäbchen hingegen können unterschiedliche Farben nicht unterscheiden, sind aber wesentlich lichtempfindlicher, so dass sie vor allem für das Sehen bei Dunkelheit verantwortlich sind. Die maximale Empfindlichkeit des helligkeitsadaptierten Auges liegt beim sogenannten „Tagsehen" (Leuchtdichte von >100 cd/m^2) bei 555 nm und beim „Nachtsehen" (Leuchtdichte <10^{-5} cd/m^2) bei 507 nm (Abb. 1.3). Die mit abnehmender Helligkeit auftretende Blauverschiebung der Empfindlichkeitskurve des menschlichen Auges, der sogenannte **Purkinje-Effekt**, kann an einem Kornfeld mit Mohnblumen und Kornblumen beobachtet werden. So erscheinen vor Einbruch der Dunkelheit die roten Mohnblumen viel leuchtender, nach Einbruch der Dämmerung hingegen leuchten die blauen Kornblumen stärker.

Ein weiterer Typ von Netzhautsensoren, die **Ganglienzellen**, leistet keinen visuellen Beitrag und dient vor allem der Steuerung der biologischen Uhr. Sein Empfindlichkeitsmaximum liegt im blauen Spektralbereich.

Abb. 1.3 Spektrale Empfindlichkeitskurven des menschlichen Auges bei Helligkeitsadaption für Tag- und Nachtsehen nach DIN 5031. Die Kurven sind für das jeweilige Empfindlichkeitsmaximum auf 1 normiert.

1.3 Lichttechnische Grundgrößen und Einheiten

Zur Kennzeichnung der Eigenschaften des Lichtes reichen in der Lichttechnik im allgemeinen vier Grundgrößen aus: der **Lichtstrom** Φ (*SI-Einheit Lumen, lm*), die **Lichtstärke** I (*SI-Einheit Candela, cd*), **die Beleuchtungsstärke E** (*SI-Einheit Lux, lx*) und die **Leuchtdichte L** (*SI-Einheit Candela/Quadratmeter, cd/m²*). Diese Grundgrößen sind nach DIN 5031 definiert. Sie basieren auf äquivalenten strahlungsphysikalischen Grundgrößen, der **Strahlungsleistung** Φ_e, der **Strahlstärke** I_e, der **Bestrahlungsstärke** E_e und der **Strahldichte** L_e. Die lichttechnischen Grundgrößen unterscheiden sich von den strahlungsphysikalischen Grundgrößen dadurch, dass sie nur das Licht berücksichtigen, das vom Auge auch wahrgenommen werden kann. Die mathematische Verknüpfung der lichttechnischen und strahlungsphysikalischen Grundgrößen ist dabei durch das **spektrale photometrische Strahlungsäquivalent** für Tagessehen $K(\lambda)$, d.h. das Produkt aus der spektralen Hellempfindlichkeit des menschlichen Auges $V(\lambda)$ und dem Maximum des photometrischen Strahlungsäquivalents für Tagessehen K_m = 683 lm/W, gegeben.

1 Licht und lichttechnische Grundgrößen

Der **Lichtstrom** Φ einer Lichtquelle ist also gemäß Tafel 1.1 die von ihr in verschiedene Richtungen abgegebene Strahlungsleistung (Φ_e), bewertet nach der spektralen Hellempfindlichkeit ($V(\lambda)$). Dies bedeutet, dass an jedem Punkt des Emissionsspektrums einer Lichtquelle der Intensitätswert der Strahlungsleistung mit der zu dem entsprechenden Wellenlängenbereich korrespondierenden Hellempfindlichkeit des helladaptierten Auges beim Tagsehen ($V(\lambda)$) gewichtet wird – bei 555 nm also mit dem Faktor 1, bei anderen Wellenlängen mit einem entsprechend geringeren Faktor. Anschließend wird über das gesamte gewichtete Emissionsspektrum integriert. Würde eine Lichtquelle die gesamte aufgenommene Energie bei exakt 555 nm verlustfrei abstrahlen, so entspräche dies einem Wirkungsgrad von 683 lm/W. Die **Lichtstärke** I errechnet sich aus dem Lichtstrom, indem der Lichtstrom nach dem Raumwinkel (Ω) differenziert wird. Sie ist also vereinfacht der von einer Lichtquelle pro Raumwinkel abgestrahlte Lichtstrom. Lichtstärkeangaben werden oft zur Charakterisierung von Reflektorlampen eingesetzt. Die **Beleuchtungsstärke** E ist die auf eine Fläche bezogene Dichte des Lichtstroms bzw. vereinfacht, der Quotient aus dem auf eine Fläche auftreffenden Lichtstrom und der beleuchteten Fläche. Diese Grundgröße wird z. B. zur Beschreibung des Beleuchtungsniveaus eines Raumes in der Lichtplanung verwendet. Sie nimmt mit dem Quadrat der Entfernung ab. Der Sinnesreiz im menschlichen Auge wird schließlich durch die **Leuchtdichte** L ausgelöst. Sie ist die Dichte des durch eine Fläche in einer bestimmten Richtung durchtretenden Lichtstroms, wobei die Fläche senkrecht zur Beobachtungsrichtung projiziert wird.

Lichtstrom

$$\Phi = K_m \int_0^\infty \frac{d\Phi_e(\lambda)}{d\lambda} V(\lambda) d\lambda$$

Beleuchtungsstärke

$$E = \frac{d\Phi}{dA_2}$$

Lichtstärke

$$I = \frac{d\Phi}{d\Omega_1}$$

Leuchtdichte

$$L = \frac{d^2\Phi}{dA_1 \cos \varepsilon}$$

Tafel 1.1 Charakterisierungsgrundgrößen des Lichts in der Lichttechnik

Die vier lichttechnischen Grundgrößen beschreiben eigentlich immer den Lichtaustausch zwischen einem leuchtenden Flächenelement dA_1 (Lampe) und einem beleuchteten Flächenelement dA_2 (Detektor, Abb. 1.4). Ihre Beziehung untereinander ist folglich ausschließlich durch geometrische Beziehungen darstellbar, deren scheinbare Einfachheit sich jedoch in der Praxis vielfach als höchst kompliziert herausstellt und quantitativ oft nur näherungsweise ermittelbar ist. Die Grundbeziehung ist durch das **photometrische Grundgesetz** gemäß Gleichung 1.4 gegeben, welche die Lichtausstrahlung des leuchtenden Flächenelements dA_1 zum im Abstand r befindlichen beleuchteten Flächenelement dA_2 beschreibt.

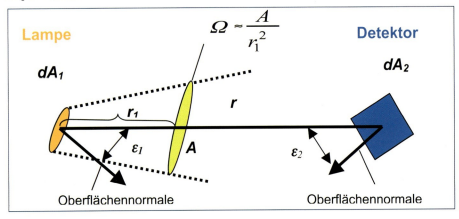

Abb. 1.4 Geometrische Beziehungen zwischen leuchtender und beleuchteter Fläche

$$d\Omega_1 = \frac{dA_2 \cos \varepsilon_2}{r^2} \cdot \Omega_0 \text{ (Lampe)} \quad d\Omega_2 = \frac{dA_1 \cos \varepsilon_1}{r^2} \cdot \Omega_0 \text{ (Detektor)} \quad \text{(Gl. 1.3)}$$

$$d^2\Phi = L \frac{dA_1 \cos \varepsilon_1 dA_2 \cos \varepsilon_2}{r^2} \cdot \Omega_0 \quad \text{(Gl. 1.4)}$$

Aus dem **photometrischen Grundgesetz** lässt sich dann das photometrische Entfernungsgesetz darstellen, das in der Beleuchtungsplanung verwendet wird:

$$E = \frac{d\Phi}{dA_2} = \frac{I \cdot d\Omega_1}{dA_2} = \frac{I \cdot dA_2 \cdot \cos \varepsilon_2}{dA_2 \cdot r^2} \cdot \Omega_0 = \frac{I \cdot \cos \varepsilon_2}{r^2} \cdot \Omega_0 \quad \text{(Gl. 1.5)}$$

Die Gleichheit der Flächen dA_1 und dA_2 in der Ableitung ist nur für einen konstanten Abstand r gegeben, d.h. das photometrische Entfernungsgesetz gilt exakt nur für Punktlichtquellen.

I Licht und lichttechnische Grundgrößen

1.4 Farbe

Im Helligkeitsbereich des Tagsehens (vergl. 1.2) ist mit den drei Farbrezeptortypen der Netzhaut (Zapfen) Farbsehen möglich, wobei die Helligkeit Bestandteil dieser umfassenderen Farbinformation ist. Die **Farbempfindung** des Menschen als individuelle subjektive Empfindung entzieht sich zwar einer exakten mathematisch-physikalischen Beschreibung. Die unterschiedlichen spektralen Absorptionsgrade der drei Farbrezeptortypen können aber mathematisch erfasst werden: Die integrale physiologische Wirkung ihrer spektralen Filterung lässt sich als Ortsvektor in einem dreidimensionalen Farbraum darstellen.

Ausgangspunkt für die meisten Farbsysteme und die Farbvalenzmetrik bildet das 1931 CIE-Normvalenzsystem (DIN 5033), das für den Normalbeobachter die visuelle Farbwirkung der ins Auge gelangenden Strahlung, des physikalischen **Farbreizes**, als Farbvalenz beschreibt. Die **Farbvalenz** ($\vec{F}$) ist dabei gekennzeichnet durch die drei **Normfarbwerte X, Y** und **Z** also den Beträgen der virtuellen **Normvalenzen** $\vec{X}, \vec{Y}$ und $\vec{Z}$ gemäß Gleichung (1.6).

$$\vec{F} = X\vec{X} + Y\vec{Y} + Z\vec{Z} \qquad \text{(Gl. 1.6)}$$

Die physiologische Bewertung des physikalischen Farbreizes erfolgt in den Normfarbwerten, die die spektrale Farbreizfunktion

$$\varphi_\lambda(\lambda) = S_\lambda(\lambda) \cdot \beta(\lambda) \qquad \text{(Gl. 1.7)}$$

$S_\lambda(\lambda)$ – relative spektrale Strahlungsfunktion der beleuchtenden Lichtart
$\beta(\lambda)$ – spektraler Remissionsgrad der beleuchteten Reflexionsprobe

nach den Normspektralwertkurven $\bar{x}(\lambda), \bar{y}(\lambda)$ und $\bar{z}(\lambda)$ als quasi „künstliche Zapfen des Auges" gemäß den Gleichungen (1.8) gewichten.

$$\begin{aligned}
X &= k \cdot \int S_\lambda(\lambda) \cdot \beta(\lambda) \cdot \bar{x}(\lambda) \, d\lambda \\
Y &= k \cdot \int S_\lambda(\lambda) \cdot \beta(\lambda) \cdot \bar{y}(\lambda) \, d\lambda \\
Z &= k \cdot \int S_\lambda(\lambda) \cdot \beta(\lambda) \cdot \bar{z}(\lambda) \, d\lambda
\end{aligned} \qquad \text{(Gl. 1.8)}$$

1 Licht und lichttechnische Grundgrößen

Das Normvalenzsystem ist dabei so definiert, dass $\bar{y}(\lambda) = V(\lambda)$ und somit der Normfarbwert Y proportional der Leuchtdichte der Probe $\beta(\lambda)$ bei gleichen Beleuchtungs- und Beobachtungsbedingungen ist sowie

$$k = \frac{100}{\int S_\lambda(\lambda) \cdot \bar{y}(\lambda) \cdot d\lambda} \cdot \qquad \text{(Gl. 1.9)}$$

Bei Verzicht auf die Helligkeitsinformation lassen sich die räumlichen Farbvalenzen als ebene **Farbarten** in einer Farbtafel darstellen. Hierbei wird im allgemeinen auf die $\vec{X}$-$\vec{Y}$-Ebene als **Normfarbtafel** mit den **Normfarbwertanteilen x**, y als Koordinaten zurückgegriffen (Abb. 1.5).

$$x = \frac{X}{X+Y+Z} \qquad y = \frac{Y}{X+Y+Z} \qquad \text{(Gl. 1.10)}$$

Der **Spektralfarbenzug** ($\vec{S}_F$) beschreibt alle Spektralfarben (monochromatische Farben von 380 bis 780 nm) als eine Mischung von Weiß ($x = y = 1/3$; **Unbuntpunkt, W_u**) mit der **Spektralfarbe (S_F)**.

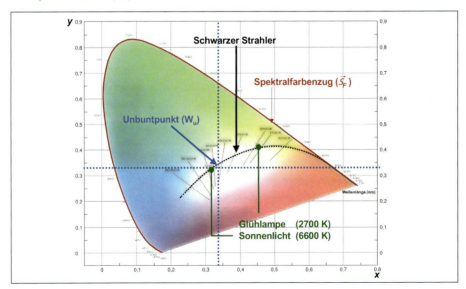

Abb. 1.5 Farbtafel der internationalen Farbmessung (1931 CIE-Normvalenzsystem, DIN 5033)

1.5 Farbwiedergabe

Als Gütekriterium der Farbwiedergabe dient die Farbverschiebung, die sich bei Beleuchtung von 8 ausgewählten Probenmit einer Testlichtart im Vergleich zu einer Bezugslichtart ergibt. Für jede der 8 Proben wird dann ein *spezieller Farbwiedergabe-Index* R_i (i = 1-8) ermittelt:

$$R_i = 100 - 4{,}6\ \Delta E_i \qquad\qquad (Gl.\ 1.10)$$

Je geringer die Farbverschiebung ΔE_i ist (Bezug: 1964 CIE-UCS Farbenraum), desto dichter an 100 ist der *spezielle Farbwiedergabe-Index*. Anschließend werden alle 8 speziellen Farbwiedergabe-Indices im allgemeinen *Farbwiedergabe-Index (R_a)* nach (DIN 6169) zusammengefasst:

$$R_a = 1/8 \sum_{1}^{8} R_i \qquad\qquad (Gl.\ 1.13)$$

Der R_a-Index beschreibt folglich die Güte der Farbwiedergabe einer Lichtquelle. Der Faktor 4,6 ist willkürlich gewählt, so dass eine warmweiße Standard-TL-Leuchtstofflampe ungefähr einen R_a-Wert von 50 besitzt. Zwei Lichtquellen mit gleichem R_a-Index besitzen aber nur eine in Summe gleich gute Farbwiedergabe, können jedoch durchaus im Spektralbereich Rot, Grün oder Blau differente Farbwiedergabeeigenschaften aufweisen. Ein aktuelles Beispiel liefert der Vergleich von CDM- (Farbtemperatur 3.000K) und SDW-T-Lampen (Farbtemperatur 2.550K). Beide Leuchtmittel besitzen einen vergleichbaren R_a-Index von R_a > 80. Die CDM-Lampe liefert jedoch einen signifikant höheren R_i-Index im Bereich Grün und Blau, während bei der SDW-T- der R_i-Index des Rotbereichs dem der CDM überlegen ist.

Abbildung 1.6 zeigt für einige markante Lampentypen den Zusammenhang zwischen den emittierten Lichtspektren und den sich hieraus ergebenden allgemeinen Farbwiedergabe-Indizes. Generell lässt sich sagen, dass ein weitgehend lückenloses, kontinuierliches Lampenspektrum eine gute Farbwiedergabe-Eigenschaft und folglich einen hohen R_a-Wert ergibt. Bei Bedarf werden anwendungsbezogen noch weitere spezielle Farbwiedergabe-Indizes für spezielle Proben definiert (z.B. R_{FF} für Fleisch- und Fleischerzeugnisse in DIN 10504).

Abb. 1.6 *Farbwiedergabe in Abhängigkeit vom Verlauf des Emissionsspektrums eines Leuchtmittels*

Eine weitere qualitative Hilfe zur Einschätzung der Farbwiedergabe-Eigenschaft von Lampen bietet das **CRV-Diagramm (Colour Rendering Vector)** gemäß Abb. 1.7. Diese grafische Darstellung betrachtet 215 festgelegte Farborte: Wird durch die Testlichtquelle im Vergleich zur Bezugslichtquelle ein bestimmter Farbort verschoben, so wird dies durch einen Vektorpfeil kenntlich gemacht. Die Farbwiedergabe eines Leuchtmittels im Hinblick auf einen bestimmten Farbort ist um so besser, je kürzer der Pfeil ist – im Idealfall ein Punkt (Abb. 1.7). Die Koordinatenachsen kreuzen im Unbuntpunkt, und der Spektralfarbenkreis hilft zu sehen, welche Proben-Spektralanteile durch das Lampenspektrum eher unterstützt bzw. eher nicht unterstützt werden.

Abb. 1.7 CRV-System (Farbverschiebungsvektor-Darstellung in 1976 CIELAB Farbtafel) zur Beschreibung der Farbwiedergabe und die korrespondierenden Farbwiedergabewerte des R_a-Systems

1 Licht und lichttechnische Grundgrößen

2 Thermische Strahlungsquellen

Elektrisch leitfähige Festkörper, wie Metalle oder spezielle Keramiken, geben beim Erwärmen einen großen Teil ihrer Energie in Form von Wärmestrahlung ab, bei hohen Temperaturen auch zum Teil in Form von sichtbarem Licht, das zu Beleuchtungszwecken genutzt werden kann.

2.1 Die Glühlampe: Historie, Aufbau und Wirkungsprinzip

Der bedeutendste Temperaturstrahler ist die Glühlampe. Erste funktionierende Glühlampen, in der Technik auch Allgebrauchslampen oder Allgebrauchsglühlampen genannt, wurden 1854 durch Goebel hergestellt. Goebel benutzte als gleichstromführende Wendel verkohlte Bambusfasern, die er zum Schutz gegen Oxidation in evakuierten Parfumflaschen betrieb. Eine technische Bedeutung erlangten aber erst die Kohlefadenlampen von Edison (1875), da Edison mit dem Generator auch eine großtechnisch nutzbare Stromquelle entwickelte (Abb. 2.1).

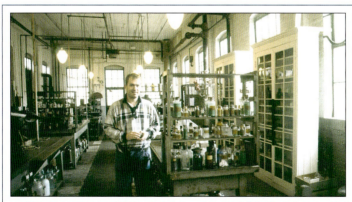

Das Edison-Laboratorium in Newark, USA (heute Museum)

Chemikalienschrank, Destillationsretorte

Fotos: Dr. Eckart Klusmann

Abb. 2.1 *Edison-Laboratorium, Edison war Inhaber von über 3.000 Patenten*

2 Thermische Strahlungsquellen

Historie der Glühlampe

1854	Goebel: Erfindung der Kohlefadenlampe
1875	Edison: erste großindustrielle Umsetzung
1902	Auer + Welsbach: Osmiumwendel
1912	Wolframwendel
1936	erste Doppelwendellampe

In der modernen Glühlampe (Abb. 2.2) werden seit Anfang des 20. Jahrhunderts Wolframdrähte des Durchmessers 20-100 µm eingesetzt. Zur Herstellung derartiger Drähte wird Wolframpulver einem zweistufigen Sinterprozess unterworfen und der hieraus gewonnene 3-mm-Draht durch Ziehen über Hartmetall- und Diamantsteine weiter ausgezogen. Wolfram als Wendelmaterial wird vor allem aufgrund seines hohen Schmelzpunktes (3.683 K) und seiner Duktilität eingesetzt.

Abb. 2.2 *Aufbau einer modernen Glühlampe mit E 27-Schraubsockel*

Die mittlere Lebensdauer einer Glühlampe, d. h. der Zeitpunkt, nachdem in einer Lampenpopulation 50% aller Leuchtmittel ausgefallen sind, beträgt bei Standard-Glühlampen ca. 1.000 h, bei den lichtstromschwächeren Verkehrssignallampen bis zu 14.000 h. Sie wird durch Abdampfen von metallischem Wolfram von der Wendel sowie Rekristallisationsprozesse im Material selbst bestimmt: Dabei ist zu erwarten, dass die Wendel an einer der Stellen mechanisch versagt, an denen, durch den ursprünglichen Herstel-

2 Thermische Strahlungsquellen

lungsprozess bedingt, ein geringfügig kleinerer Wendeldurchmesser vorliegt. An diesen Stellen wird die Wendel beim Stromdurchfluss besonders stark erwärmt (hot spots), was die lokale Abdampfrate steigert und letztendlich in einem sich selbst beschleunigenden negativen Kreislauf mündet. Da der Dampfdruck (p) über einem Festkörper mit wachsender Temperatur (T) gemäß der **Clausius-Clapeyronischen Gleichung** exponentiell ansteigt (Gl. 2.1), ist die Betriebstemperatur der Glühwendel eine äußerst kritische Größe. Eine Erhöhung der Betriebsspannung um 5% halbiert in etwa die mittlere Lampenlebensdauer und erhöht den Lichtstrom um ca. 25% (Abb. 2.3).

$$\frac{dp}{dT} = \frac{\Delta H p}{RT^2} \Rightarrow p \propto p_0 e^T \quad \text{(Gl. 2.1)}$$

ΔH = Verdampfungsenthalpie R = Allgemeine Gaskonstante

a Bauspannung 228V

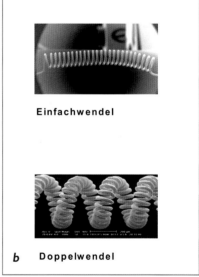
b Doppelwendel

Abb: 2.3 a) Abhängigkeit der Lebensdauer und des Anfangslichtstroms einer 40 W/230 V-Allgebrauchslampe von der Netzspannung; b) Wendelbauformen

In modernen Glühlampen wird die Verdampfung des Wolframs durch den Einsatz von Füllgasen (Inertgasen) sowie durch Doppelwendelkonstruktionen (REM-Aufnahme, Abb. 2.3 b) reduziert.

2 Thermische Strahlungsquellen

Gasfüllung	Reduktion der Abdampfrate um den Faktor
Ar/N$_2$:	1/700
Krypton:	1/1.500
Xenon:	1/2.300

Abb. 2.4 Abhängigkeit der Lichtausbeute einer Glühlampe von ihrer absoluten Leistungsaufnahme und ihrer Betriebsspannung

Die Effizienz einer Glühlampe steigt mit fallender Betriebsspannung und steigender Leistungsaufnahme (P) (Gl. 2.2). Mit fallender Betriebsspannung (U) kann die Wendel (Ohmscher Widerstand, R_{Ohm}) gemäß der **Ohmschen Gleichung** (Gl. 2.3) dicker ausgelegt werden, was den Wirkungsgrad steigert. Da die spezifische Wärmekapazität des Wolframs relativ hoch ist, führt der Betrieb mit 230V/50Hz Versorgungsspannung im Gegensatz zu Gasentladungslampen nicht zu starken Periodizitäten in der Lichtemission.

$P = U_{el} I_{el}$ (Gl. 2.2) $U_{el} = R_{Ohm} I_{el}$ (Gl. 2.3)

Mit steigender Wattage wird die Wärmeverlustbilanz gegenüber den Wendelhalterungen bzw. dem Füllgas immer positiver (Abb. 2.4). Mit fallender Lampenspannung kann zudem die Wendellänge reduziert werden, da die Gefahr von Bogenbildung zurückgeht.

Dies wirkt sich ebenfalls positiv auf die Wärmeleitungsverluste aus. Eine Standard-100 W/230V-Glühlampe liefert eine Lichtausbeute von ungefähr 14 lm/W.

Abb. 2.5   Wirkungsgrad von Vakuum- und Inertgaslampen im Vergleich; geometrische Voraussetzungen

Der überwiegende Teil (ca. 95%) der elektrischen Leistung wird also bei einer Glühlampe nicht in sichtbares Licht (VIS) umgewandelt, sondern geht durch Wärmestrahlung und Wärmeleitung verloren. Dieser Wert liegt weit unterhalb des maximalen visuellen Nutzeffekts eines Thermischen Strahlers (95 lm/W bei 6.600 K), da elektrisch leitfähige Wendelmaterialien mit Schmelz- oder Sublimationspunkten oberhalb von 4.200 K (TaC) nicht zur Verfügung stehen. So liefert selbst Wolfram am Schmelzpunkt (3.683 K) nur einen Wert von 54 lm/W. Das Effizienzmaximum bei technisch realisierten Niedervolt-Glühlampen hoher Leistungsaufnahme liegt bei etwa 40 lm/W.

Die Füllung des Lampenkolbens mit Inertgasen, wie Argon/Stickstoff, Krypton oder Krypton/Xenon, dient dem Ziel, die Abdampfrate des Wolframs zu reduzieren. Ein vergrößerer Wärmeverlust an den Kolben wird dabei zugunsten der verlängerten Lebensdauer in Kauf genommen. Das **Langmuir-Modell** beschreibt den Aufbau der Edelgasschicht um die Wendel der Lampe (Abb. 2.6). In unmittelbarer Wendelnähe (B, bis ca. 2 mm Entfernung) liegt ausschließlich Wärmeleitung (χ) vor. Hierbei erweist sich ein schwereres Edelgas als Vorteil ($\chi \propto m^{-1/2}$); zudem senkt es durch höheren Impulsübertrag die Abdampfrate des Wolframs. Außerhalb der Langmuir-Schicht bis hin zur Kolbenwand ist dann die Wärmeströmung (Konvektion) die Hauptursache der Wärmeübertragung an den Außenkolben. Hier wirkt sich ein schwereres Edelgas nachteilig aus, da eine größere Atommasse die Konvektion fördert.

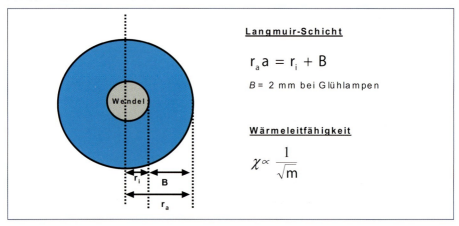

Abb. 2.6 *Langmuir-Modell der mit Inertgas gefüllten Glühlampe*

Die mittlere Lebensdauer der Glühwendel steigt aber auch mit wachsender Kristallitgröße innerhalb der Wolframwendel. Da im Lampenbetrieb die Rekristallisationstemperatur des Wolframs stets überschritten wird, wachsen größere Kristallite auf Kosten kleiner. Dieses auch als **Ostwald-Reifung** bekannt gewordene Phänomen hat seine Ursache in der mit wachsender Kristallitgröße relativ zum Kristallitvolumen fallenden Oberflächenenergie. Ostwald-Reifung tritt immer dann auf, wenn zwischen den Kristalliten ein thermodynamisches Gleichgewicht herrscht, das Kristallitwachstum also nicht kinetisch gehemmt ist.

Glühlampen werden heute in vielen Varianten produziert. Dabei kommen neben Lampen mit farbigen Außenkolben oder dekorativer Wendel auch spezielle Typen für die Verkehrssignaltechnik oder zur Wärmebestrahlung zum Einsatz (Abb. 2.7).

2 Thermische Strahlungsquellen

Lampen mit Dekowendel

Infrarot-Lampen

Abb. 2.7 Sonderbauformen von Glühlampen

2.2 Thermische Strahlungsquellen im Modell

Als physikalisches Modell der Glühlampe bzw. einer thermischen Strahlungsquelle dient der Schwarze Körper. Unter einem Schwarzen Körper versteht man dabei einen Idealkörper, der alles auf ihn treffende Licht absorbiert bzw. der bei Erwärmung alle aufgenommene Joulsche Energie in Form von Strahlung emittiert. Das Emissionsmaximum eines solchen Körpers, auch **Schwarzer Strahler** genannt, verschiebt sich dabei mit wachsender Temperatur (T) zu höheren Frequenzen bzw. kleineren Wellenlängen (λ):

$\lambda_{max} T = const$ (Gl. 2.4, Wiensches Verschiebungsgesetz, 1894)

Abb. 2.8 Das Emissionsmaximums eines Schwarzen Strahlers verschiebt sich bei höheren Temperaturen zu kürzeren Wellenlängen bzw. höheren Frequenzen

2 Thermische Strahlungsquellen

Als optimale Näherung für den Schwarzen Körper gilt in der Praxis ein thermisch isolierter, absorbierender oder emittierender Hohlraum (Abb. 2.8). Aber auch hochschmelzende Metalle, wie Wolfram oder Osmium, zeigen ein dem Schwarzen Strahler sehr ähnliches Emissionsverhalten, auch wenn die Gesamtstrahlungsleistung niedriger und das Spektrum bei gleicher Temperatur zu etwas kürzeren Wellenlängen verschoben ist (Abb. 2.9). Wie bereits in Kapitel 2.1 angesprochen, liegt der maximale visuelle Nutzeffekt einer thermischen Strahlungsquelle bei 95 lm/W, was einer Körpertemperatur von etwa 6.600 K, der Oberflächentemperatur der Sonne, entspricht. Die relative Lage dieses Maximums auf der Temperaturskala wird durch die Sehempfindlichkeit des evolutiv auf die Sonne angepassten menschlichen Auges geprägt.

Bereits Ende des letzten Jahrhunderts gelang es Stephan ($\int E(v)dv \propto T^4$, 1879) und Jeans ($E(v) \propto v^2$, 1900) die Gesamtstrahlung des Schwarzen Körpers bzw. den spektralen Verlauf für große Temperaturen zu erklären. Die Beschreibung des gesamten Spektrums in Abhängigkeit von den Schwingungsfrequenzen (v) des Emitters gelang jedoch erst 1924 durch Planck (Gl. 2.5).

$$E(v) = \frac{8\pi v^2}{c^3} \cdot \frac{hv}{e^{\frac{hv}{kT}} - 1} \quad \text{(Gl. 2.5)}$$

Term 1   Term 2

$E(v)$ = Strahlungsleistung bei der Frequenz v
h = Plancksches Wirkungsquantum
c = Lichtgeschwindigkeit

Um die beiden Terme der **Planckschen Strahlungsformel** wenigstens qualitativ nachvollziehen zu können, sollten wir uns an dieser Stelle zunächst kurz mit der Struktur eines Metalls befassen. Dieses besteht in der einfachsten Näherung aus einem Atomrumpfgitter und einem Gas aus delokalisierten Elektronen (Drude 1901, Abb. 2.10). Beim Durchfluss von Elektronen durch ein Metall oder beim Kontakt des Metalls mit einer heißen Umgebung, z. B. brennendes Gas, werden die Atomrümpfe des Metalls durch Stoßwechselwirkung zum Schwingen angeregt. Andere Energiespeicherformen spielen fast keine Rolle: Translatorische Bewegungen der Atomrümpfe (kinetische Energie) sind im wohlgeordneten Kristallgitter unterhalb des Schmelzpunktes nicht möglich. Eine Rotation um die Ruhelage der Atomrümpfe liefert nur einen vernachlässigbar kleinen Energiebeitrag, da die Masse der Atomrümpfe auf den winzigen Kern konzentriert ist, sodass bei der Rotationsanregung kaum ein Drehmoment entsteht. Und schließlich kann das Elektronengas auch nur sehr wenig kinetische Energie speichern, da die Elektronenmasse ca. 2.000 mal kleiner ist als die Masse der Atomrümpfe.

Abb. 2.9 *Visueller Nutzeffekt des schwarzen Strahlers und Blauverschiebung eines heißen Wolframdrahtes im Vergleich zum Schwarzen Körper*

Nach den Vorstellungen der klassischen Physik müssten die schwingenden Atomrümpfe (Oszillatoren) alle die gleiche Frequenz besitzen, wobei bei höheren Temperaturen bevorzugt energiereichere höhere Schwingungszustände angeregt werden. Das vom Festkörper emittierte Licht, das beim Übergang zwischen einem energetisch höher gelegenen und einem energetisch niedriger gelegenen Schwingungszustand entsteht, sollte somit monochromatisch sein. Ein solches durch die **Rayleigh-Jeans-Gleichung** (Gl. 2.6) etwa um 1900 beschriebenes Emissionsverhalten entspricht jedoch nicht dem realen Experiment.

$$E(v) = \frac{8\pi v^2}{c^3} kT \qquad \text{(Gl. 2.6)}$$

Metalle emittieren vielmehr breite Banden, die sich mit wachsender Temperatur des Festkörpers zu kürzeren Wellenlängen bzw. höheren Frequenzen hin verschieben.

Abb. 2.10 *Metallmodell nach Drude und schwingendes Metall nach Jeans und Debeye*

Ein Erklärungsansatz für die Bandenemission eines heißen Festkörpers lieferte Debeye um 1912: Da sich im Festkörper die schwingenden Oszillatoren gegenseitig stören, tritt bei der Oszillation des Festkörpers immer eine Frequenzverteilung auf, die eine simultane Abregung differenter Schwingungsübergänge nach sich zieht. Diese Frequenzverteilung und deren Abhängigkeit von der Körpertemperatur beschreibt die Plancksche Strahlungsformel im zweiten Term so wirklichkeitsgetreu, dass eine gute Übereinstimmung mit dem Experiment vorliegt.

In der Lichtpraxis wird die Lichtfarbe eines Leuchtmittels immer in Kelvin angegeben. Eine Farbtemperatur von 3.000 K bedeutet dabei, dass das emittierte Licht visuell dem Licht eines Schwarzen Strahles bei 3.000 K Oberflächentemperatur entspricht. Bei thermischen Strahlungsquellen stimmt die reale Temperatur des lichterzeugenden Mediums, bei Allgebrauchslampen die Glühwendel, noch ungefähr mit dieser Temperatur überein. Bei Gasentladungslampen und Lumineszenzstrahlern können hingegen oft sehr große Abweichungen auftreten: Die reale Temperatur der Leuchtmittel ist zum Teil wesentlich geringer.

3 Halogenlampen

3.1 Der chemische Transport

Unter chemischen Transportprozessen versteht man chemische Reaktionen, bei denen ein fester oder flüssiger Stoff A mit einem Gas B unter Bildung eines gasförmigen Produktes C umgesetzt wird und an einer anderen Stelle (Temperaturgradient) des Systems eine Rückreaktion unter Abscheidung von A erfolgt. Das Ergebnis chemischer Transportprozesse entspricht daher einer Sublimation bzw. Destillation des Stoffes A, ohne dass dieser bei den angewendeten Temperaturen einen merklichen Dampfdruck besitzt.

Voraussetzung für chemische Transportprozesse sind reversible chemische Reaktionen, die kinetisch unter den gegebenen Reaktionsbedingungen nicht gehemmt sind und deren thermodynamisches Gleichgewicht nach dem Prinzip vom Kleinsten Zwang (**Le-Chatelier-Prinzip**, 1876) beeinflussbar ist. Letzterem liegt in diesem Fall die Temperaturabhängigkeit der Gleichgewichtskonstante des Massenwirkungsgesetzes zugrunde (**Van't Hoffsche Reaktionsisobare**):

$$\alpha A + \beta B \Leftrightarrow \gamma C$$

$$\frac{a_C^\gamma}{a_A^\alpha a_B^\beta} = K_A$$

$$\Delta_R G = \Delta_R G^0 + RT \sum v_i \ln a_i$$

$$\Delta_R G^0 = 0 \quad \Rightarrow \quad K_A = e^{-\frac{\Delta_R G^0}{RT}}$$

$$\left(\frac{\partial \ln K}{\partial T}\right)_p = \frac{\Delta_R H^0}{RT}$$

Die Gleichgewichtskonstante K_A, die aus den chemischen Aktivitäten a und den stöchiometrischen Faktoren der Edukte und Produkte ($v_i = \alpha, \beta, \gamma, ...$) der exothermen Hinreaktion hervorgeht, nimmt also in einem äußerlich erzwungenen Temperaturgradientenfeld unterschiedliche Werte an. Hierdurch wird leicht verständlich, warum in einem geschlossenen System die gleiche Reaktion an unterschiedlichen Orten zu unterschiedlichen chemischen Aktivitäten bzw. Stoffkonzentrationen führt.

3 Halogenlampen

Je nach Art des äußeren Zwangs wird bei Transportreaktionen zwischen Strömungsmethoden (offenes System), Diffusionsmethoden (geschlossenes System) und Konvektionsmethoden (Schräglage des Transportgefäßes) unterschieden. Ein technisch relevantes Beispiel für chemische Transportreaktionen ist die Reinigung von Nickel nach dem Mond-Langer-Verfahren ($Ni + 4\,CO \rightleftharpoons Ni(CO)_4$).

Abb. 3.1 Visualisierung des chemischen Transports und Darstellung der chemischen Gleichgewichte, die am Wasser-Kreisprozess und am Halogen-Kreisprozess beteiligt sind.

3.2 Aufbau und Wirkprinzip der Halogenlampe

Das Wirkprinzip von Halogenlampen basiert auf Kreisprozessen, die auf den in Kapitel 3.1 beschriebenen chemischen Transport zurückgehen. So können in der Halogenlampe zwei wichtige chemische Transportprozesse unterschieden werden (Abb. 3.1). Der schädliche **Wasser-Kreisprozess** transportiert das Wendelmetall Wolfram zur kälteren Kolbenwand, was die Lebensdauer der Lampe verkürzt. Dabei wird das Wasser meistens bei der Lampenproduktion über die Glaskolbenwand ins System eingeschleppt. Technisch versucht man daher, diesen Kreisprozess durch Beschichtung der Wendel mit rotem Phosphor zu unterbinden.

3 Halogenlampen

Abb. 3.2 Der Halogenkreisprozess: Dominante Spezies entlang des Temperaturgradienten und Selektivität: Ein echter regenerativer Kreisprozess existiert nur beim Fluor.

Ein kurzzeitiges Aufheizen der Wendel (Abblitzen) verdampft den Phosphor und reduziert den Wasserdampf unter Bildung von Phosphor-V-Oxid. Erwünschter positiver Nebeneffekt ist eine Rekristallisation der Wendel, die, wenn der Prozess richtig durchgeführt wird, zu sehr großen Kristallen in der Wendel führt (siehe Ostwaldreifung, Kapitel 2).

Der nützliche **Halogen-Kreisprozess** hingegen transportiert verdampftes Wolfram aus der Gasphase zurück in Richtung Wendel, was die Lebensdauer der Lampe verlängert. Er wurde durch Langmuir 1915 bei Zusatz von Jod zum Füllgas einer Glühlampe erstmalig beobachtet und gedeutet und 1959 durch General Electric erstmalig in einer technischen Halogenlampe umgesetzt. Der Halogen-Kreisprozess erlaubt eine Reduktion des Kolbenvolumens bis zu einem Faktor 100 gegenüber einer Standardglühlampe mit den daraus resultierenden Designvorteilen. Gleichzeitig wird die Lebensdauer der Lampe verlängert und durch eine höhere Wendeltemperatur die Lichtausbeute um bis zu 20% vergrößert.

3 Halogenlampen

Die Selektivität des Halogenprozesses wird durch die Gleichgewichtskonstanten bzw. die Umwandlungstemperatur (T_u) im Gleichgewicht zwischen Wolframhalgeniden (WX) und nichtgebundenem Wolfram (W) sowie nichtgebundenen Halgeniden (X) bestimmt $WX \Leftrightarrow W+X$ bestimmt. Je höher T_u ist, desto größer ist die Wahrscheinlichkeit, dass abgedampftes Wolfram an der heißesten Stelle der Wendel rekristallisiert. Obgleich der Halogen-Kreisprozess für die Zudosierung von Fluor in den Lampenkolben die besten Ergebnisse liefert (echter regenerativer Prozess mit Regeneration der hot spots in der Wendel!), werden aus technischen Gründen nur bromierte Methanverbindungen eingesetzt, die im Lampenbetrieb Brom als Transportgas freisetzen. Bromierte Methanverbindungen lassen sich einfacher dosieren als reine Halogenverbindungen und wirken erheblich weniger korrosiv auf die Gaszuführungsanlage. Der Halogen-Kreisprozess verlängert die Lebensdauer der Glühwendel aber nur dann erfolgreich, wenn die Temperatur der Wendelaufhängungen nicht überschritten wird, d. h. deutlich niedriger als die Wendeltemperatur ist, und die Temperatur der Kolbenwand nicht unterschritten wird. Ansonsten droht Metallabscheidung an der Wendelaufhängung bzw. die Kondensation von Wolframoxohalogeniden an der Kolbenwand. Letzteres führt zum Zusammenbrechen des Halogen-Kreispozesses. In leistungsreduzierten (gedimmten) Halogenlampen ist daher der Halogenprozess nur noch sehr eingeschränkt funktionsfähig, was die Lebensdauer des Leuchtmittels reduziert. Sollen Halogenlampen über längere Zeiträume hinweg leistungsreduziert betrieben werden, so ist es ratsam, zwischenzeitlich die Leuchtmittel wieder unter Volllast zu betreiben, da hierdurch die Lebensdauer deutlich verlängert werden kann.

Abb. 3.3 IRC-Schichten zur wellenlängenselektiven Reflektion von Licht

3 Halogenlampen

Eine weitere Effizienzsteigerung kann durch den Einsatz von sogenannten **λ/4-Schichten** und **λ/2-Schichten**, optischen Schichten der Schichtdicke $d = \lambda/4n$ bzw. $d = \lambda/2n$ erreicht werden, deren Brechzahl $\sqrt{n_{Glas}}$ ist (Abb. 3.3). Bei einer Glasplatte mit einer zusätzlichen Beschichtung der Dicke $d = \lambda/4n$ wird Licht der Wellenlänge λ bei senkrechtem Einfall an der Oberfläche nicht reflektiert, sondern tritt nahezu vollständig durch die Glasplatte hindurch (Reflexminderung): Da bei der ein- und ausfallenden Lichtwelle der Gangunterschied genau λ/2 beträgt, wird die reflektierte Welle durch destruktive Interferenz ausgelöscht. Derartige λ/4- Schichten werden auch zur optischen Vergütung von Glasoberflächen, z. B. bei Kameralinsen, eingesetzt. Im Gegensatz dazu wird auf einer Glasoberfläche, die mit einer Schicht der Dicke $d = \lambda/2n$ beschichtet ist, nahezu alles Licht reflektiert. Diese Reflexverstärkung wird durch konstruktive Interferenz (Gangunterschied λ) der einfallenden und reflektierten Lichtwelle hervorgerufen.

Abb. 3.4 Gegenüberstellung der Lichtemission des MASTER LINE ES-Brenners mit und ohne IRC-Beschichtung (Wendelspektrum). Der aus 47 SiO_2/Nb_2O_5 Schichten bestehende IRC-Filter wirft sowohl IR- als auch UV-Strahlung zurück. Jede Schicht wird in einem 2-stufigen mikrowellinduzierten Reaktivsputterprozess (Microdyn™) auf der äußeren Brennerwand erzeugt.

3 Halogenlampen

Im Falle der Halogenlampe bewirkt ein $\lambda/2n$-Multischichtsystem, das für $\lambda_1 \approx IR$ (Schicht 1) und $\lambda_2 \approx UV$ (Schicht 2) ausgelegt ist (bimodale Schichtdickeverteilung), eine Reflektion von IR- und UV-Strahlung zurück auf die Wolframwendel, während sichtbares Licht das Schichtsystem nahezu ungehindert durchdringt (Abb. 3.4). Die Schwierigkeit der technischen Umsetzung liegt dabei in der genauen Fokussierung der reflektierten IR-Strahlung. So muss nämlich unbedingt das Aufheizen anderer Lampenteile als die Glühwendel verhindert werden, um den Halogen-Kreisprozess nicht negativ zu beeinflussen. Diese sogenannten IRC-Lampen (IRC = Infra Red Coating) liefern einen bis zu 40 % höheren Lichtstrom. Die Effizienzsteigerung ist dabei von der Geometrie des Lampenkolbens abhängig (Abb. 3.5).

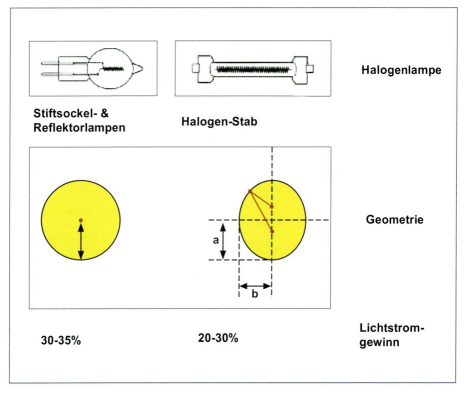

Abb. 3.5 Abhängigkeit der Steigerung des Wirkungsgrades einer IRC-Beschichtung von der Geometrie des Halogenbrenners. Die Optimale Wirkung einer IRC-Schicht wird bei möglichst kompakter Wendel und kugelförmigem Kolben erreicht.

3 Halogenlampen

Die Reduzierung von IR-Strahlung im Licht einer Halogenlampe gelingt bei Reflektorlampen aber auch durch die sogenannte Kaltlichtverspiegelung. Bei Kaltlichtspiegellampen werden im lampeneigenen Reflektor nur sichtbares und UV-Licht reflektiert. Die Infrarotstrahlung wird verstärkt durch den Reflektor hindurch in Richtung Lampensockel abgestrahlt, was die IR-Strahlung im Lichtkegel der Lampe um ca. 30% reduziert. Einen positiven Einfluss auf die Energiebilanz der Lampe selbst haben derartige dichroitische Reflektoren allerdings nicht. Oftmals ist es in klimatisierten Räumen jedoch kostengünstiger, Downlights rückseitig durch Konvektion zu kühlen, als die Wärmeleistung über die Luft des Raumes abzutransportieren.

MASTER Line ES, MASTER Line 111 und MASTER Line TC
12 V Niedervolt-Kaltlichtspiegellampen
mit IRC Beschichtung.

MASTER PAR 20 E
12 V Niedervolt-Kaltlichtspiegellampe
mit integriertem Trafo und E27-Sockel.
Hochwertiges Substitutionsprodukt für
R63 Allgebrauchslampen mit ca. 60%
höherem Wirkungsgrad.

Abb. 3.6 Moderne Halogen-Reflektorlampen mit Kaltlichtverspiegelung und IRC-Beschichtung

3 Halogenlampen

4 Niederdruckentladungslampen

4.1 Niederdruckplasmen

In Gasentladungslampen wird sichtbares Licht primär durch ein elektrisch angeregtes Plasma erzeugt. Unter einem Plasma versteht man dabei ein Gemisch aus Neutralteilchen, Ionen und Elektronen in verschiedenen Anregungszuständen mit starker Wechselwirkung untereinander und mit den Photonen (Licht), die das Plasma selbst erzeugt. Im Gegensatz zum isothermen Plasma, bei dem ein thermodynamisches Gleichgewicht zwischen allen Teilchen und der die Plasmaphase umgebenden Wände vorliegt, unterliegen im elektrisch erzeugten Plasma nur die Elektronen einer **Maxwell-Bolzmannschen Geschwindigkeitsverteilung**:

$$f(v)dv^3 = n(\frac{m}{2\pi kT})^{3/2} \exp[\frac{-mv^2}{2kT}]dv^3 \qquad \bar{v} = \sqrt{\frac{8kT}{\pi m}} \qquad \text{(Gl. 4.1)}$$

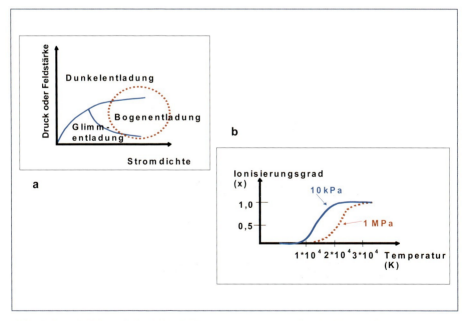

Abb. 4.1   a) Abhängigkeit der Lichterzeugung von den äußeren Plasmaparametern Stromdichte und Druck bzw. Feldstärke. b) Abhängigkeit des Ionisierungsgrades eines isothermen Plasmas von der Temperatur. Gezeigt sind zwei Isobaren.

4 Niederdruckentladungslampen

Der Ionisierungsgrad (χ) eines isothermen Plasmas vergrößert sich mit steigender Temperatur und fallendem Druck. Er wird durch die **Eggert-Saha-Gleichung** (Gl. 4.2) beschrieben. Wie aus Abb. 4.1 hervorgeht, liegt eine signifikante Ionisierung erst bei sehr hohen Temperaturen (> 4.000 K) vor.

$$x^2 p/(1-x^2) = (2\pi m/h^2)^{3/2}(kT)^{5/2} \exp[-E_i/(kT)] \qquad \text{(Gl. 4.2)}$$

$$\downarrow \quad (\text{für } x \to 0)$$

$$x \approx p^{-1/2}(2\pi m/h^2)^{3/4}(kT)^{5/4} \exp[-E_i/(2kT)] \qquad \text{(Gl. 4.3)}$$

Zur technischen Lichterzeugung in Gasentladungslampen wird immer ein bestimmter Arbeitspunkt innerhalb der Bogenentladung gewählt (4.1a), da hier das Plasma optisch noch ausreichend dünn und der Wirkungsgrad der Lichterzeugung am größten ist. Das emittierte Licht enthält neben den durch Druck und starke lokale elektrische Felder verbreiterten Spektrallinien des angeregten Gases immer auch eine Untergrundstrahlung (Abb. 4.2).

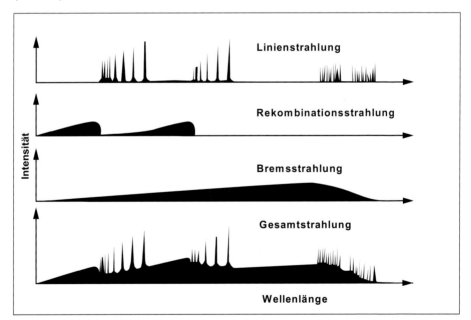

Abb. 4.2 Zusammensetzung der Lichtemission eines Plasmas. Die Summe aus Rekombinations- und Bremsstrahlung wird auch als Untergrundstrahlung bezeichnet.

4 Niederdruckentladungslampen

Die Untergrundstrahlung wird durch Rekombinationsprozesse zwischen den geladenen Teilchen des Plasmas (Kationen und Elektronen) und das Abbremsen beschleunigter Ladungsträger (Ionen, Elektronen) in Elektrodennähe bewirkt. Dabei korrespondieren die langwelligen Grenzen der **Rekombinationsstrahlung** mit der Ionisierungsenergie der Gasatome im Plasma.

Bei der Zündung einer Niederdruckgasentladung werden mehrere Phasen durchlaufen (Abb. 4.3). Wird an den elektrisch leitfähigen Elektroden einer gasgefüllten Entladungsröhre bei einem Druck von etwa 100 mbar und 25 °C eine Spannung angelegt, so beginnt zunächst ein äußerst geringer Strom zu fließen. Während dieser **unselbständigen Entladung** müssen die Ladungsträger von außen in das System eingebracht werden (z. B. durch Glühemission an geheizten Elektroden).

Abb. 4.3 *Zündphasen einer zur technischen Lichterzeugung genutzten Bogenentladung*

Die Stärke des elektrischen Feldes reicht in dieser Phase noch nicht aus, um durch Stoßionisation freie Ladungsträger im Gas zu erzeugen. Die freien Ladungsträger geben im Plasma ihre Energie in Form elastischer Stöße ab. Einen zusätzlichen, wenn auch sehr geringen Beitrag zum Stromtransport liefert auch die äußerst geringe Eigenleitfähigkeit von Gasen infolge kosmischer Strahlung (Ionisierung). Während der unselbständigen Entladung leuchtet das Gas nicht (Dunkelentladung), da das elektrische Feld die wenigen Ladungsträger (Elektronen, Ionen) nicht auf eine zur Gasanregung notwendige Geschwindigkeit beschleunigen kann. Überschreitet die äußere Feldstärke (E) hingegen die sogenannte Zündspannung (absolutes Maximum der $U \infty$ I-Kurve), so werden die freien Elektronen im Inneren der Entladungsröhre so stark beschleunigt, dass ihre Energie sowohl zur elektrischen Anregung des Gases (Lichtemission) als auch zu dessen Ionisierung (Stoßionisation) ausreicht.

Ionisierungsbedingung: $e\overline{\lambda}|\vec{E}| \geq W_i$

W_i = Ionisierungsarbeit
$\overline{\lambda}$ = mittlere freie Weglänge

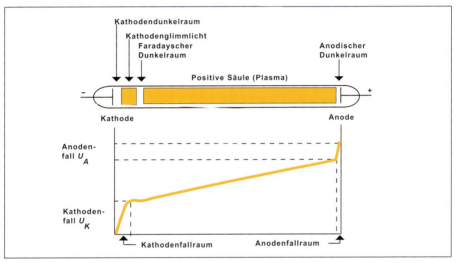

Abb. 4.4 Schematischer Aufbau einer Glimmentladung

Da die Stoßionisation lawinenartig fortschreitet, nimmt die Leitfähigkeit des Gases so stark zu, dass die Kennlinie der Entladungsröhre negativ wird. Das Gas erzeugt in dieser ersten Phase der **selbständigen Gasentladung**, der sogenannten Glimmentladung, die zum Stromtransport notwendigen Ladungsträger also von selbst.

Die Glimmentladung besteht aus mehreren Zonen, dem Kathodenfallraum, dem Kathodenglimmlicht, dem Faradayschen Dunkelraum, der positiven Säule und dem Anodenfallraum (Abb. 4.4). Sie führt zum Aufbau von Raumladungszonen, d.h. der Gradient des elektrischen Feldes ist im Gegensatz zur unselbständigen Entladung nicht mehr konstant. Sehr große Gradienten entstehen insbesondere in Elektrodennähe. Zur Lichtemission tragen bei der Glimmentladung neben dem Kathodenglimmlicht mit zunehmend größerer Elektrodenentfernung vor allem die positive Säule bei. In der positiven Säule erfolgt die Licht-

4 Niederdruckentladungslampen

emission durch Neutralgasanregung infolge der durch das äußere elektrische Feld beschleunigten freien Elektronen. Der Name der positiven Säule resultiert aus ihrer relativen positiven Ladung gegenüber dem Kathodenfallraum, obwohl im Inneren der Säule Quasineutralität herrscht und damit keine Raumladung vorliegt. Wichtige technische Lichtquellen, die Licht auf der Basis von Glimmentladungen erzeugen, sind die sogenannten Kaltkathodenröhren (Reklametafeln, Bildschirmhinterleuchtung beim Laptop).

Bei sehr hohen Strömen werden aus der Kathode durch Ionenbombardement nicht nur Sekundärelektronen herausgelöst, sondern die Kathode bzw. im Wechselstromplasma beide Elektroden so stark aufgeheizt, dass Elektronen durch Glühemission freigesetzt werden. In diesem Fall spricht man von einer **Bogenentladung**.

Abb. 4.5 **Lichterzeugungsmechanismus und Schaltskizze einer Leuchtstofflampe**

Die Elektronen-Emission wird dabei durch hohe Elektrodentemperaturen und Elektrodenbeschichtung mit speziellen Emittermaterialien, z. B. $BaWO_3$, begünstigt. Letztere senken die Aktivierungsenergie (E_A) des Elektronenaustritts. Die Temperaturabhängigkeit des Elektronenstroms (j) gibt das **Richardson-Dushmannsche Gesetz** an:

$$j = CT^2 \exp[\frac{-E_A}{kT}]$$

$$C \approx 20\, Am^{-2}K^{-2}$$

(Gl. 4.4)

E_A (Wolfram) = 4,5 eV
E_A ($BaWO_3$) = 0,3-0,5 eV

Beispiel: $T = 300K$
$E_A = 4{,}0\ eV$ $\infty\ 1\ e^-$ in 10^{40} Jahren pro cm^{-2} Metalloberfläche
$E_A = 0{,}5\ eV$ $\infty\ 2{,}3210^{13}\ e^-$ pro Sekunde pro cm^{-2} Metalloberfläche

4.2 Leuchtstofflampen

Die bekanntesten Leuchtmittel, die Licht auf dem Prinzip der Niederdruckgasentladung erzeugen, sind die Leuchtstofflampen (Abb. 4.5). Da der Verlauf der selbständigen Gasentladung eine negative Kennlinie besitzt, muss der durch das Plasma fließende Strom durch ein der Gasentladungslampe vorgeschaltetes strombegrenzendes Bauteil begrenzt werden, damit die Lampe nicht „durchgeht". In der Praxis wird hierfür im einfachsten Fall eine Spule (B) verwendet. Die meist oberhalb der Netzspannung von 230V liegende Zündspannung liefert ein externes Zündgerät, oft auch Starter (S) genannt (Abb. 4.5).

Zur Zündung von Leuchtstofflampen werden die beiden mit Emitterpaste beschichteten Elektroden, die die Form kleiner Glühwendeln besitzen, elektrisch vorgeheizt, um ausreichend freie Ladungsträger im noch kalten Gas der Lampe zu produzieren. Wird dann der Startstromkeis unterbrochen, so zündet der aus dieser Unterbrechung resultierende Spannungsstoß die selbständige Gasentladung. Bei brennender Gasentladung wird dann die zur Glühemission notwendige Elektrodenerwärmung durch das Plasma selbst erzeugt.

Abb. 4.6 Lichtemission einer Leuchtstofflampe bei 230V/50Hz Wechselspannung

4 Niederdruckentladungslampen

Im 50Hz/230V-Wechselspannungsplasma einer Leuchtstofflampe zündet und erlischt die positive Säule mit einer Frequenz von 100 Hz, ohne dabei ihren Ort relativ zu den beiden Betriebselektroden zu verändern (Abb. 4.6). Das Kathodenglimmlicht hingegen alterniert mit 50 Hz zwischen den umgepolten Elektroden. Aus diesem Grund kann bei allen Leuchtstofflampen, die direkt am 50Hz/230V-Netz betrieben werden, stets ein geringfügiges 50 Hz-Flackern beobachtet werden. In modernen Leuchten sind die Spule und der Starter durch ein elektronisches Vorschaltgerät (EVG) ersetzt. Dieses betreibt die Lampe mit einer kHz-Frquenz. Das emittierte Licht wird hierdurch visuell angenehmer. Gleichzeitig zeichnen sich EVGs durch eine geringere Verlustleistung und ggf. auch Dimmoption aus.

Abb. 4.7 *Abhängigkeit der Lichtemission einer Leuchtstofflampe von der Umgebungstemperatur der Röhre*

Die Lichterzeugung in Leuchtstofflampen erfolgt durch die Anregung von Quecksilberatomen in einer Gasentladung, die zudem Argon als Zünd- und Puffergas enthält. Der Betriebsdruck beträgt ca. 10^{-3} mbar. Bei diesem Druck erreicht die Niederdruckquecksilberentladung ihr Effizienzoptimum. Wird der Druck erniedrigt, so sinkt die im Gas zur Anregung zur Verfügung stehende Quecksilberkonzentration, und der Lichtstrom der Lampe geht zurück. Wird der Druck hingegen erhöht, so sinkt der Lichtstrom ebenfalls infolge von Selbstabsorption des Quecksilbers. Aus diesem Grund hängt der Lichtstrom einer Leuchtstofflampe stark von der Temperatur der Röhrenwand (Umgebungstemperatur) ab und durchläuft ein Maximum, dessen absolute Lage mit dem Lampentyp variiert (Abb. 4.7).

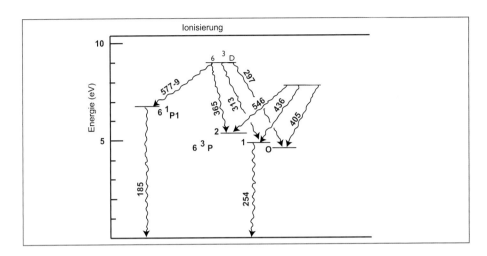

Abb. 4.8 *Termschema des Quecksilbers mit den zwei Hauptemissionslinien bei 185 nm und 253,7 nm*

Da die Hauptemission des Quecksilbers im Gegensatz zur Hochdruckentladung bei der in der Leuchtstofflampe vorliegenden Niederdruckentladung ausschließlich im UV-Bereich erfolgt, wird die Innenwand der Leuchtstoffröhre mit fluoreszierenden Leuchtstoffen, den sogenannten „Phosphoren" beschichtet. Dabei müssen mindestens zwei verschiedene Leuchtstoffe eingesetzt werden, um durch additive Farbmischung weißes Licht zu erzeugen. Dies ist bei Standardleuchtstofflampen der Fall. Hier werden mit Zinn und mit Magnesium dotierte Halophosphate verwendet. Weißes Licht mit einer Farbwiedergabe R_a > 80 erfordert hingegen den Einsatz von mindestens drei verschiedenen Leuchtstoffen (3-Bandentechnologie, z.B. TL-D Super 80 Leuchtstofflampen). Heutzutage kommen als Leuchtstoffe meist seltenerden-dotierte Aluminate zum Einsatz. Die Konversionsraten moderner Leuchtstoffe liefern eine Quantenausbeute nahe 1. Dies bedeutet, dass fast alle UV-Lichtquanten in sichtbares Licht transformiert werden. Die Energiedifferenz geht dabei in Form von Wärme verloren.

Die Konversion der Quecksilberlinien basiert auf dem Prinzip der **Fluoreszenz** (Abb. 4.9). Wird ein Molekül oder Atom im Kristallverband durch Absorbtion von Lichtquanten elektrisch angeregt, so führt die elektrische Anregung immer auch zur Anregung von Schwingungszuständen, da der Gleichgewichtsabstand des angeregten Zustands zeitlich der Anregung nachläuft (**Franck-Condon-Prinzip**).

4 Niederdruckentladungslampen

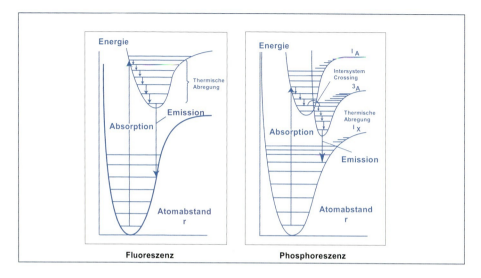

Abb. 4.9 *Gegenüberstellung der An- und Abregungsprozesse bei Fluoreszenz und Phosphoreszenz*

Die Abregung kann nun thermisch über Stöße bzw. durch Strahlungsemission erfolgen. Der Prozess der Strahlungsabregung ist dabei dreistufig. Zunächst erfolgt die thermische Abregung der Schwingungszustände des angeregten Zustands. Hierauf stellt sich ein Gleichgewichtsabstand ein, der mit einem höheren Schwingungsniveau des elektrischen Grundzustands korrespondiert. Die nun folgende strahlende Abregung in den elektronischen Grundzustand ist daher niederenergetischer (langwelliger) als die Anregungsstrahlung selbst (**Stokesches Gesetz**, 1852). Die Fluoreszenzstrahlung erlischt stets unmittelbar nach der Anregung (Zeitdifferenz ca. 10^{-8} s – 10^{-6} s). Im Falle eines längeren Nachleuchtens läuft hingegen ein anderer Prozeß ab, der als **Phosphoreszenz** bezeichnet wird. So ist bei schweren Atomen die Spin-Bahn-Kopplung so groß, dass durch energetische Überlappung von Singulett- und Triplettzuständen ein *Intersystem Crossing* erfolgen kann – ein gemäß der quantenmechanischen Auswahlregeln normalerweise verbotener Übergang. Die anschließende Strahlungsemission aus dem angeregten Triplett- in den Singulett-Grundzustand ist dann oftmals stark zeitverzögert.

Heutzutage können miniaturisierte Leuchtstofflampen als sogenannte Energiesparlampen (ESL) direkt zur Substitution von Allgebrauchslampen (Glühlampen) eingesetzt werden. Dabei sind Systeme mit integriertem Vorschalt- und Zündgerät als auch Lampen mit separater Elektronik bekannt (integrated bzw. non-integrated Typen). Mit Hilfe von zwei bis drei Entladungsröhren von ca. 1 cm Durchmesser, die meist gebogen oder verbrückt sind, werden ESL heute mit bis zu 23 Watt Leistung ($\cong$ 115 W/230V Glühlampenleistung) hergestellt. ESL besitzen im Vergleich zu Standard-Allgebrauchslampen den Vorteil eines ca. 80% niedrigeren Stromverbrauchs sowie einer um den Faktor 6-15 längeren Lebensdauer.

Abb. 4.10 Moderne Bauformen von Leuchtstofflampen

4.3 Niederdruck-Natriumdampflampen

Neben den Leuchtstofflampen gehören die Niederdruck-Natriumdampflampen (SOX) und die elektromagnetischen Induktionslampen zu den wichtigsten Vertretern der Niederdruck-Entladungslampen. Das Wirkprinzip der Natrium-Niederdruckentladung basiert auf der Anregung einer Natrium-Doppellinie (Natrium-D-Linie) bei 589 nm. Hierbei handelt es sich um Übergänge zwischen dem ersten angeregten Zustand und dem Grundzustand (Resonanzlinien). Hinter dem Namen „D-Linie" verbirgt sich also kein optischer D→P-Übergang innerhalb des Natriums!

$$1s^2 2s^2 2p^6 3p^1 \rightarrow 1s^2 2s^2 2p^6 3s^1 \quad \Delta n = 0, \Delta l = 1$$

4 Niederdruckentladungslampen

Die Thermmultiplizität von zwei (D=Doppellinie) kann aus dem Vektorgerüstmodell bzw. der systemrelevanten **Clebsch-Gordan-Reihe** abgeleitet werden.

$$^2P_{\frac{3}{2}} \to {}^2S_{\frac{1}{2}} \quad 589{,}59\,nm \qquad J = (L+S)+(L-S-1)......|L-S|$$

$$^2P_{\frac{1}{2}} \to {}^2S_{\frac{1}{2}} \quad 588{,}99\,nm \qquad mit\ L = 1\ und\ S = \frac{1}{2}$$

Der optimale Natriumdampfdruck von $4*10^{-3}$ mbar bei 533 K (cold-spot-Temperatur) ergibt sich aus dem Verhältnis zwischen Emission der Doppellinie im heißen Plasmabogen und ihrer Absorption in den kälteren Randzonen. Der Zusatz von Argon mit 1% Neon-Anteil (**Penning-Gemisch**) mit einem Betriebsdruck von etwa 10 mbar dient als Zündhilfe und zur Einstellung der Elektronentemperatur. Im Penning-Gemisch wird der Ionisierungsgrad bereits bei niedrigen Elektrodenspannungen durch Stöße zwischen den Edelgasen untereinander deutlich erhöht:

$$Ne^* + Ar \to Ar^+ + e^- + Ne \qquad (\text{Stoß 2. Art})$$

Da die cold-spot-Temperatur mit 533 K relativ hoch liegt, wird in Analogie zur Infrarot reflektierenden Schicht einer IRC-Halogenlampe (Kapitel 3) die Innenseite des Außenkolbens mit einer 3 µm dicken ITO-Schicht (ITO = Indium-Zinnoxid) überzogen, die den Brenner durch reflektierte IR-Strahlung von außen heizt. SOX-Lampen gehören zur Lampenklasse mit der höchsten Lichtausbeute. Dies liegt natürlich auch daran, dass diese Leuchtmittel nahe des Maximums der Empfindlichkeitskurve des Auges monochromatisches Licht emittieren.

Abb. 4.11 a) Aufbau und Spektrum der SOX Lampe.

4.4 Magnetische Induktionslampen

Als letzter Vertreter der Niederdruck-Entladungslampen soll hier noch kurz die elektromagnetische Induktionslampe behandelt werden. Bei diesem Leuchtmittel wird eine Hochfrequenzgasentladung zur Lichterzeugung eingesetzt.

Bei Mikrowellen- oder Radiofrequenzplasmen, also Plasmen, die mit sehr hohen Anregungsfrequenzen erzeugt werden, sind im Gegensatz zu Gleich- oder Wechselstromplasmen keine leitfähigen inneren Elektroden erforderlich. Die Leistungseinkopplung in das Plasma kann mittels eines gegenüber dem Plasma isolierten Kondensators (kapazitive Einkopplung) oder einer Spule (magnetische Einkopplung) erfolgen. Die Energieeinkopplung basiert dabei auf einer zeitabhängigen Umladung von Raumladungszonen in Elektroden- und Wandnähe des Plasmas. Technisch stehen zur Erzeugung derartiger Plasmen die freigegebenen Frequenzbereiche von 2,65 MHz und 13,56 MHz zur Verfügung. Bei den technisch realisierten Leuchtmitteln wird bei Betriebsfrequenzen 250 kHz (Endura, Osram) bzw. 2,65 MHz (QL, Philips) gearbeitet. Die QL-Lampe besitzt einen gegenüber dem Plasma elektrisch isolierten „Spulenfinger" (Abb. 4.12). Als Betriebsgas wird dabei Quecksilberamalgam eingesetzt. Eine Krypton-Grundfüllung dient als Zünd- und Puffergas. Das Wirkprinzip ist also ähnlich dem einer Leuchtstofflampe: Das sichtbare Licht wird aus der primären UV-Emission einer Niederdruck-Quecksilberdampfentladung in Analogie zur Leuchtstofflampe mittels einer Leuchtstoffschicht erzeugt. Der Vorteil der Induktionslampe liegt vor allem in ihrer extrem hohen mittleren System-Lebensdauer von ca. 100.000 Stunden, wobei die Betriebselektronik die schwächste Stelle des Systems darstellt.

Abb. 4.12 Aufbau einer magnetischen Induktionslampe des Typs QL

5 Hochdruckentladungslampen

5.1 Hochdruckplasmen

In Hochdruckentladungslampen brennt eine Bogenentladung zwischen zwei meist nur wenige Millimeter entfernten Wolframelektroden. Diese bestehen im Gegensatz zu den heizbaren 70 µm-Wendeln einer Leuchtstofflampe aus wesentlich dickeren nicht heizbaren Wolframdrähten. Ein zusätzliches auf die Wendel aufgebrachtes Emittermaterial sichert, wie bei der Leuchtstofflampe, ein hohes Maß an Elektronenemission (Glühemission) bereits bei niedrigen Temperaturen (Startphase). Die hohen Stromdichten von Bogenentladungen führen im Entladungsbogen während des Lampenbetriebs zu Temperaturen von 6.000 K – 8.000 K (Abb. 5.1).

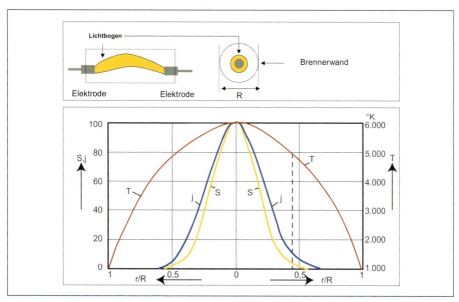

Abb. 5.1 Radialer Verlauf von Temperatur (T), Stromdichte (j) und Intensität (S) einer Hochdruck-Quecksilberentladung

Die hohen Plasmatemperaturen bewirken, dass, im Gegensatz zu Niederdruckentladung, das Hochdruckplasma nahezu isotherm ist. In den heißeren Zonen des Bogens stehen Elektronen und Ionen daher im thermodynamischen Gleichgewicht zueinander. Der Ionisierungsgrad folgt im Hochdruckplasma, also der **Eggert-Saha-Gleichung** (siehe

5 Hochdruckentladungslampen

Kapitel 4), während die thermisch induzierte Lichtemission der **Bolzmann-Gleichung** (Gl. 5.1) genügt. Diese beschreibt die Elektronen-Besetzungsdichte innerhalb eines Gasatoms auf den Grundzustand und höhere angeregte Zustände in Abhängigkeit von der Temperatur. Aus dem exponentiellen Verlauf der Besetzungsdichte geht hervor, dass nur bei sehr hohen Temperaturen Übergänge oberhalb des ersten angeregten Zustands ($n_1 \rightarrow n_0$) eine Rolle spielen. Gerade diese sind es jedoch, die bei der Hochdruckgasentladung im sichtbaren Bereich liegen und direkt, d. h. ohne Konvertierung durch Fluoreszenzleuchtstoffe zur Lichterzeugung genutzt werden können.

$$n_a = n_0 (\frac{g_a}{g_0}) e^{-\frac{E_a}{kT}}$$ (Gl. 5.1)

In den kälteren Randzonen der Brennkammer herrschen dagegen nur Temperaturen um 1.000 K. Hier liegt daher kein isothermes Plasma mehr vor. In diesen Brennerzonen wird pro Volumeneinheit oft sogar mehr Licht thermalisiert als erzeugt (Selbstabsorption). Die technisch maximal realisierbaren Wandtemperaturen des Brenners werden durch die verwendeten Kammermaterialien begrenzt (Quarz: 1.100 K, Keramik: 1.500 K). Um den Wärmeverlust durch die Brennerwand und die Oxidation der Stromzuführungen zu reduzieren, wird der Brenner von einem evakuierten oder mit Inertgas gefüllten Hüllkolben (Außenkolben) umgeben. Die Inertgasfüllung reduziert dabei gleichzeitig die Gefahr von Spannungsüberschlägen. Die großen Temperaturunterschiede innerhalb der Brennkammer führen zu starker Gaskonvektion. In horizontal brennenden Plasmen ist der Bogen daher zur oberen Kammerwand hin verschoben (Abb. 5.1 oben).

5.2 Hochdruck-Quecksilberdampflampen

Eines der bekanntesten Hochdruckentladungssysteme, die zur Lichterzeugung eingesetzt werden, ist die Hochdruck-Quecksilberdampfentladung. Diese führt bei einem Betriebsdruck von 1 – 20 bar zu Lichtausbeuten des Brenners weit oberhalb der Niederdruckentladung einer Leuchtstofflampe, wie ein Vergleich der Betriebsdaten zeigt:

5 Hochdruckentladungslampen

Niederdruck-Quecksilberentladung (Leuchtstofflampe)		Hochdruck-Quecksilberentladung (HPL-Lampe)	
Lichtausbeute:	ca. 20 lm/Watt (ohne Leuchtstoff)	Lichtausbeute:	ca. 70 lm/Watt (Brenner)
p_{Hg} (25°C):	10^{-3} mbar	p_{Hg} (25°C):	10^{-3} mbar
$p_{Ar/N2}$ (25°C):	10 mbar	p_{Ar} (25°C):	50 mbar
p_{Hg} (Betrieb):	10^{-2} bar (gesättigt)	p_{Hg} (Betrieb):	1 - 20 bar (ungesättigt)
cold-spot-Temperatur:	≈ 320 K	cold-spot-Temperatur:	nicht vorhanden
max. Wand-Temperatur:	≈ 370 K	max. Wand-Temperatur:	≈ 1.100 K

Abb. 5.2 Abhängigkeit der Lichtemission einer Quecksilberentladung vom Druck des Entladungsrohrs

Die Hochdruck-Quecksilberdampfentladung wird oberhalb von etwa 120 V in einem aus Argon und Quecksilber bestehenden **Penning-Gemisch** zwischen der Wolframkathode und einer Hilfsanode gezündet (Abb. 5.3). Die hierbei zunächst ausgebildete Glimmentladung geht dabei rasch in eine zwischen beiden Hauptelektroden brennende Bogenentladung über. Die Quecksilbermenge ist so dosiert, dass ungefähr bei 50% der maximalen Stromaufnahme das Quecksilber vollständig verdampft ist. Zur äußeren Strombegrenzung müssen bei allen Hochdruckentladungslampen ein elektromagnetisches bzw. ein elektronisches Vorschaltgerät verwendet werden.

Abb. 5.3 *HPL-Lampe: Zündung mittels Hilfselektrode und Beschichtung des äußeren Hüllkolbens mit Fluoreszenzfarbstoff zur Steigerung der Lichtausbeute im sichtbaren Bereich und Verbesserung der Farbwiedergabe*

Das Spektrum der Hochdruck-Quecksilberentladung (Abb. 5.4) zeigt als charakteristische Erscheinung druckverbreiterte Spektrallinien sowie ein schwaches Resonanzspektrum (Untergrund), dessen Intensität mit dem Dampfdruck und der Stromdichte zunimmt. In den optisch dichteren (kälteren) Plasmarandzonen (Wandnähe) tritt **Selbstabsorption** der UV-Linien bei 185 und 254 nm auf. Diese Linien weisen im Emissionsspektrum daher im Zentrum eine Lücke auf, deren Breite mit der Quecksilberkonzentration (Druck) korrespondiert (Thermschema des Hg siehe Kapitel 4). Die absorbierte Strahlung wird dabei in Wärme umgewandelt (Thermalisierung). Die höheren angeregten Zustände, die für die Linienemission im VIS (sichtbarer Bereich) verantwortlich sind, unterliegen hingegen nicht der Selbstabsorption. Ursache ist die gemäß der Bolzmanngleichung (Gl. 4.1) nur sehr schwache Besetzung der höheren angeregten Zustände in den kälteren Randschichten, wodurch die Übergangswahrscheinlichkeiten der Absorbtion verschwindend klein werden. Auch bei der Hochdruck-Quecksilberentladung wird immer noch mehr Licht im UV als im VIS emittiert. Aus diesem Grund und zur Verbesserung der Farbwiedergabe ist die Innenseite des Hüllkolbens einer Standard-Hochdruck-Quecksilberdampflampe (HPL) mit einem rot fluoreszierenden Leuchtstoff beschichtet

5 Hochdruckentladungslampen

[Europium dotiertes Yttriumphosphorvanadat, $Y(P,V)O_4{:}Eu$]. Bei höherwertigen Leuchtmitteln, wie HPL Comfort Pro oder HPL 4 Pro, werden hingegen Mehrbanden- Leuchtstoffschichten eingesetzt, die zu höheren Lichtströmen und Farbwiedergabeindices führen. Die HPL 4 Pro-Lampe ist zusätzlich lebensdaueroptimiert.

Abb. 5.4 Aufbau einer Hochdruck-Quecksilberdampflampe und Emissionsspektrum einer HPL-N Lampe

5.3 Hochdruck-Metallhalogendampflampen

Um die Lichtemission im sichtbaren Bereich noch weiter steigern zu können, wird bei Metallhalogendampflampen (MHL) auf Halogenide bestimmter Metalle zurückgegriffen, wie Alkalimetalle (Li, Na, Cs), Elemente der III. und IV. Hauptgruppe (In, Tl, Sn) und einige Seltenerdmetalle (Ho, Dy, Tm). Die genaue Zusammensetzung variiert je nach Lampentyp. Unter Betriebsbedingungen ist die Gasphase des Brenners an Metallhalogeniden gesättigt. Zur Lichterzeugung tragen sowohl die freien Metalle als auch ihre Monohalogenide bei. Beide Spezies werden erst im Entladungsbogen durch die homolytische Spaltung der Metallhalogenide, aufgrund ihrer geringen Dissoziationsenergie meist Iodide, gebildet. Einige Dampfdruckkurven der unter Betriebsbedingungen stets gesättigten Metallhalogenide sowie der reinen Metalle und des Quecksilbers sind in Abbildung 5.5

wiedergegeben. Wie zu erkennen ist, liegt bei gleicher Temperatur der Dampfdruck der reinen Elemente weit oberhalb dem der korrespondierenden Iodide. Eine Brennerfüllung mit reinen Metallen würde daher nicht zu einer starken Lichterzeugung führen, da bei der üblichen cold-spot-Temperatur von ungefähr 1.000 K nur die Iodide eine ausreichende Flüchtigkeit besitzen. Da in den kälteren Plasmarandzonen die für die Lichtemission im VIS verantwortlichen Spezies (Metalle und ihre Monohalogenide) nicht vorkommen, ist die Selbstabsorption nur gering. Die Plasmarandzonen sind daher optisch dünn. Das neben den Metalliodiden in geringen Mengen zugesetzte Quecksilber dient bei der Metallhalogendampflampe nicht der direkten Lichterzeugung, sondern fungiert als **Puffergas**, um durch elastische Stöße mit den Elektronen des Plasmas die Wandverluste zu reduzieren und die elektrische Feldstärke im Plasma zu vergrößern. Ein zusätzlicher geringer Xenon-Basisdruck im Brenner sichert den Zündbetrieb des Leuchtmittels.

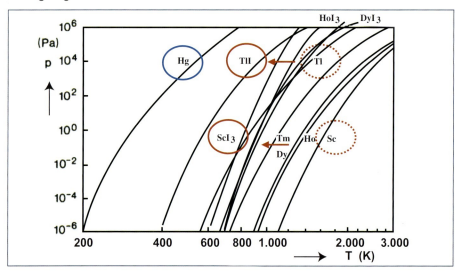

Abb. 5.5 Dampfdruckkurven von Quecksilber in Metallhalogendampflampen eingesetzten Metallen und ihrer Iodide

Die für einen ausreichend hohen Brennerdruck notwendigen cold-spot-Temperaturen von über 1.000 K als auch die hohen Eindiffusionsraten der Metallhalogenide in Quarz bedingen heutzutage die zunehmende Verwendung von Keramikbrennern. Diese bestehen aus doppelt gesintertem polykristallinem Al_2O_3 (90% Transparenz im VIS). Die Keramik-Keramik- und Keramik-Metall-Verbindungen werden bei Keramikbrennern mit Glas-

5 Hochdruckentladungslampen

lot (CaO-Al_2O_3 mit MgO-, B_2O_3- und BeO-Zusätzen) erzeugt – ein technologisch sehr anspruchsvolles Verfahren. Stromdurchführungen aus Molybdän- oder Niobfolien sichern aufgrund ihres im Vergleich zur Keramik ähnlichen Ausdehnungskoeffizienten eine gute Gasdichtigkeit und eine gute Temperaturbeständigkeit des Brenners. Der im Außenkolben befindliche Getter besteht meist aus einer Zr/Al-Legierung und reduziert die Sauerstoff- und Wasserstoffkonzentration zur Unterdrückung des abträglichen Wasser-Kreisprozesses (siehe Kapitel 3).

Abb. 5.6 *Aufbau von kompakten Metallhalogendampflampen mit Quarzbrenner (oben: MHN-TD Pro 70 W) und mit Keramikbrenner (unten: MASTER Colour CDM-TD 70 W)*

Metallhalogendampflampen mit Keramikbrenner (CDM 20 bis 150 W, CDM = Ceramic Discharge Metalhalide, Abb. 5.7) zählen zu der Lampenklasse mit der besten Farbwiedergabe (R_a > 80 bei 3000 K und R_a > 90 bei 4.200 K) und Farbstabilität (± 150 K nach 10.000 Betriebsstunden). Die Lichtausbeute liegt mit bis zu 95 lm/Watt um ca. 60 % höher als die vergleichbarer Hochdruck-Quecksilberdampflampen. CDM-Leuchtmittel findet man daher heute nicht zuletzt auch wegen ihrer kompakten Bauform und Langlebigkeit vor allem in der Geschäftsraumbeleuchtung. Für die Außenbeleuchtung stehen bereits Lampen zur Verfügung, die am Regel-EVG auf 50% Lichtleistung gedimmt werden können (MASTER City White CDO 70, 100, 150 W).

5 Hochdruckentladungslampen

Der Bau zuverlässiger Keramiklampen der Leistungsklassen 250W und 400W ist technologisch äußerst anspruchsvoll, da Wand- und Elektrodenbelastung immer weiter ansteigen. Erste Vertreter dieser Lampenklasse stellen unter anderem die CDM-T 250W und CDO-TT 250W Lampen dar. Des weiteren wurde speziell für die Außenbeleuchtung ein Lampensystem entwickelt, das bei geringerer Farbwiedergabe einen Systemwirkungsgrad von über 106 lm/W besitzt (CosmoWhite 60 W). Bei einer Bewertung der Lichtströme nach dem Dämmerungssehen (mesopisches Sehen, siehe Kapitel 1), der in der Außenbeleuchtung am häufigsten auftretende Fall, übertrifft der Systemwirkungsgrad sogar den einer modernen Hochdrucknatriumdampflampe um etwa 30%.

Der Einsatz von EVGs in der Außenbeleuchtung gilt mittlerweile als technologisch beherrschbar. So besitzen die modernsten Geräte (z. B. HID-PV Xtreme) nur noch eine Ausfallrate etwa 5% nach 80.000 h, bei sehr gutem Feuchtigkeitsschutz (IP 68) und Überspannungsfestigkeit bis 10kV. In naher Zukunft werden auch Regel-EVGs zur Verfügung stehen, die auch bei CosmoWhite Lampen einen leistungsreduzierten Betrieb ermöglichen. In der Innenbeleuchtung wurde mit der CDM Elite ein Leuchtmittel geschaffen, bei dem gleichzeitig Farbwiedergabe, Wirkungsgrad und Lichtstromrückgang deutlich verbessert wurden. Die Lampe ähnelt äußerlich der CDM Lampe, besitzt aber einen im Vergleich zu CDM-Lampen deutlich komprimierteren Brenner und eine veränderte Brennerfüllung.

Abb. 5.7 MASTER Colour CDM-TC 35W/830 mit elektronischen Vorschaltgerät (links) und mini MASTER Colour CDM 20W/830 (rechts)

5 Hochdruckentladungslampen

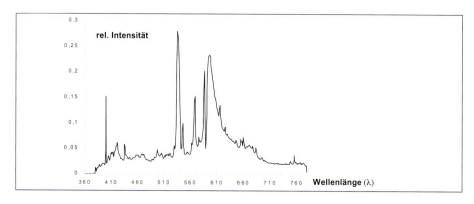

Abb. 5.8 *Spektrum einer MASTER Colour CDM-TD 70 W/830 Lampe*

Abb. 5.9 Neue Keramische Metallhalogendampflampen CosmoWhite 60W Leuchtmittel mit dazugehörigem Betriebsgerät (a), CDO-TT 250/828 (b), CDM-T 250/830 (c) und CDM-T Elite 930 (d)

5.4 Hochdruck-Natriumdampflampen

Die dritte wichtige Klasse von Hochdrucklampen stellen die Hochdruck-Natriumdampflampen dar (NAV, SON; Abb. 5.9). Das Spektrum einer Hochdruck-Natriumdampflampe zeigt eine durch Resonanzwechselwirkung der Natriumatome untereinander als auch durch Van-der-Waals-Wechselwirkung mit dem Puffergas Quecksilber oder Xenon starke Linienverbreitung. Dabei wird das Zentrum der Doppellinien von den wandnahen optisch dichten Plasmaschichten reabsorbiert und thermalisiert. Die Nichtresonanzlinien, also Übergänge innerhalb der höheren angeregten Zustände und innerhalb molekularer Spezies, tragen zu 50 - 60 % zur Gesamtstrahlung bei.

5 Hochdruckentladungslampen

Abb. 5.10 Photo, Anschlussskizze und Emissionsspektrum einer MASTER SON PIA Hg-free 150W-Lampe

Es sind vor allem die Linien der 1. und 2. Nebenserie (4s→3p; 3d, 4d→3p mit 569, 819 und 1139 nm) sowie Molekülbanden bei 437 nm, 452 nm und 552 nm beteiligt. Die hohe cold-spot-Temperatur von 970 K als auch Wandtemperaturen von bis zu 1.550 K erlauben es nicht, hoch reduktive Natriumplasmen in Quarzbrennern zu betreiben. Bei Hochdruck-Natriumdampf-Lampen kommen folglich ausschließlich Keramikbrenner zum Einsatz.

Na-Hochdruckentladung

Lichtausbeute:	ca. 120 lm/Watt
pHg (Betrieb):	1 bar
pXe (Betrieb):	3,3 bar (nur bei Hg-freien Lampen, sonst nur 0,1 bar als Zündgas)
pNa (Betrieb):	150 mbar (gesättigt)
cold-spot-Temp.:	970 K
max. Wand-Temp.:	1550 K
Farbtemperatur:	2000 K
Farbwiedergabe:	R_a 20

5 Hochdruckentladungslampen

In Standard-Lampen wird Natrium als 25%iges Natriumamalgam in den Brenner dosiert. Das Quecksilber, das im Betrieb ebenfalls gesättigt vorliegt, übernimmt hier die Funktion des Puffergases. In quecksilberfreien Lampen wird statt Quecksilber Xenon als Puffergas eingesetzt, was das Emissionsspektrum im VIS kaum verändert, die UV-Emission des Leuchtmittels aber etwas mindert. Um die Zündspannung quecksilberfreier Hochdrucknatriumdampflampen (Hg-free) und Hochdruck-Natriumdampflampen mit erhöhtem Brennerdruck bzw. Lichtstrom (Super, Plus) mit Standardnatriumdampflampen elektrisch kompatibel zu machen, muss am Brenner zusätzlich eine äußere Zündklappe oder aufgesinterte Zündhilfe (PIA) angebracht werden, was die Zündspannung der Leuchtmittel senkt.. Da sich die PIA-Technologie auch auf Standardnatriumdampflampen positiv auswirkt (höhere Brennerlebensdauer, geringerer Lichtstromrückgang) wird sie heute generell bei allen hochwertigen Natriumdampflampen eingesetzt.

Das Phänomen der Druckverbreiterung und Selbstabsorption nimmt bei Hochdruck-Natriumdampflampen drastisch mit wachsendem Brennerdruck zu. (Abb. 5.10). SDW-T-Lampen, die bei ca. 20 bar Betriebsdruck betrieben werden, verfügen daher über noch stärker verbreiterte Spektren, was die Lichtausbeute zwar reduziert, dafür aber die Farbtemperatur um ca. 500 K auf 2.500 K erhöht und die Farbwiedergabe drastisch von R_a 20 auf $R_a > 80$ verbessert. SDW-T und die noch kleineren SDW-TG Leuchtmittel (Abb. 5.11) werden in der Innenbeleuchtung als Alternative zur CDM-Lampe wegen ihrer hervorragenden Rot- und Braunwiedergabe besonders im Lebensmittelbereich eingesetzt.

Abb. 5.11 Selbstabsorption der Natriumdampfemission in Abhängigkeit vom Betriebsdruck des Brenners und Emissionsspektrum einer quecksilberfreien Hochdruck-Natriumdampflampe (Master SON PIA Hg-free).

5 Hochdruckentladungslampen

Abb. 5.12   Hochdruck-Natriumdampflampe MASTER SDW-TG Lampe mit EVG

6 Lichtemittierende Dioden (LEDs)

6.1 Elektrolumineszenz

Lichterzeugung mittels LEDs basiert auf dem Wirkprinzip der **Elektrolumineszenz**. Bei dieser Form der Lichterzeugung wird wie beim thermischen Strahler an einen leitenden Festkörper eine Spannung angelegt und dieser von einem Strom durchflossen. Im Gegensatz zum thermischen Strahler speichert der elektrolumineszierende Festkörper die aufgenommene elektrische Energie jedoch nicht nur in Form von Gitter-Schwingungen, sondern auch in Form von elektronischer Anregung. Hierdurch kann im Gegensatz zum Festkörper die Emission von monochromatischem Licht beobachtet werden. Die wichtigsten Elektrolumineszenz-Strahlungsquellen in der Technik sind die III-V-Halbleiter. Abbildung 6.1 gibt die unterschiedlichen Lumineszenzarten wieder. Je nach Art der zugeführten Energie unterscheidet man zwischen Photo-, Chemo- und Elektrolumineszenz. Die Photolumineszenz stellt die Grundlage der Konversion von UV-Licht in sichtbares Licht bei Leuchtstofflampen dar (siehe auch Kapitel 4). Die Chemolumineszenz kann z.B. beim Glühwürmchen beobachtet werden.

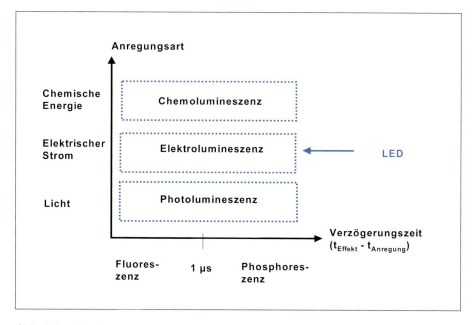

Abb. 6.1   Lumineszenzarten

6 Lichtemittierende Dioden (LEDs)

Abb. 6.2 *Emissionsverhalten einer Glühlampe und einer gekühlten LED im Vergleich*

6.2 Die Geschichte der LEDs

Elektrolumineszenzerscheinungen an anorganischen Halbleiterkristallen des Typs SiC wurden 1907 durch H. J. Round erstmalig beobachtet und ab 1923 durch Loser systematisch untersucht. Eine quantenphysikalische Beschreibung des LED-Effekts gelang allerdings erst 1951 durch Lehovec, Accado, Jamgochian. Vorausgegangen war die systematische Erforschung des pn-Übergangs, der Kontaktstelle unterschiedlich dotierter III-V-Halbleiter, bis hin zur Entwicklung der ersten Transistoren durch Bardeen, Brittain und Shockley (1948). Mit der großtechnischen Produktion von roten Lumineszenz-Dioden des Typs GaAsP wurde erstmalig 1962 bei General Electric begonnen. Durch systematische Erforschung von neuen, komplexeren Materialsystemen und neuen Kristallzuchtverfahren gelang es dann innerhalb der nächsten zwei Jahrzehnte, LEDs kürzerer Emissionswellenlänge bis hin zum grünen Spektralbereich mit technischen Emissionswirkungsgraden bis zu 5% herzustellen. Die Synthese effizienter blauer LEDs konnte jedoch erst 1994 durch Nichia unter Verwendung von GaN-Schichtsystemen auf Saphir realisiert werden (Abb. 6.3).

6 Lichtemittierende Dioden (LEDs)

Abb. 6.3 Aufbau der ersten technisch produzierten blauen LED (Nichia 1994)

6.3 Lichterzeugung im III-V Halbleiter - einfacher Ansatz

Unter einem III-V-Halbleiter versteht man einen Festkörper, der aus den Elementen der dritten und fünften Hauptgruppe des Periodensystems gebildet wurde, wie GaAs, InP, GaN oder deren Mischkristalle. Ein reiner III-V-Halbleiter ist bei Raumtemperatur jedoch kaum elektrisch leitfähig. Erst durch einen geringfügigen Zusatz von Elementen differenter Elektronenkonfiguration (Dotierung), z. B. den Elementen der vierten Hauptgruppe, wie C, Si oder Ge, nimmt die elektrische Leitfähigkeit drastisch zu. Dabei können je nach Reaktionsführung als Reaktionsprodukt sowohl dotierte Halbleiter mit **Elektronenleitung** (n-Dotierung) als auch mit **Lochleitung** (p-Dotierung) hergestellt werden. Der dotierte Halbleiter ist nun für eine elektrische Leistungsaufnahme ausgelegt. Zur Lichterzeugung werden in einem LED-Chip n- und p-dotierte Halbleiterbereiche benachbart erzeugt (**pn-Kontakt**). Ein pn-Kontakt entsteht dabei in der Praxis nicht durch „mechanisches Berühren" zweier verschiedener unterschiedlich dotierter Halbleiterkristalle, sondern es werden mittels technischer Dünnschichtverfahren die unterschiedlichen Halbleiter direkt aufeinander abgeschieden und befinden sich im gleichen LED-Chip.

6 Lichtemittierende Dioden (LEDs)

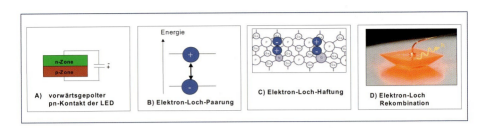

Abb. 6.4 Lichterzeugungsmechanismus der LEDs

Wird an den pn-Kontakt im LED-Chip nun eine Spannungsquelle in Vorwärtspolung angeschlossen, so entstehen im pn-Kontakt eine große Zahl gegensätzlich geladener Ladungsträger. Je ein Elektron und ein Loch wechselwirken schwach miteinander und bilden die sogenannten **Elektron-Lochpaare (Exzitonen)**. An leicht polarisierbaren Kristallgitterstellen innerhalb des pn-Kontakts bleiben die Exzitonen nun „haften" und fallen zusammen (Rekombination). Dabei wird ihre potentielle Energie in Form von Strahlung abgegeben oder durch Stoß an das Kristallgitter übertragen. Da alle Elektron-Lochpaare die gleiche potenzielle Energie besitzen, setzt die strahlende Rekombination der Elektron-Lochpaare monochromatisches Licht frei, mit einer Ausbeute von ca. 0,1 – 30 % je nach Güte und Farbe der LED. Die langwellige breite Emissionsbande der LED stellt eine schwache Temperaturstrahlung des Kristallgitters dar. Der Hauptanteil der aufgenommenen elektrischen Leistung muss aber im Gegensatz zur Glühlampe zusätzlich durch Wärmeleitung aufgeführt werden, um den LED-Halbleiterkristall auf mittleren Betriebstemperaturen von 325 - 425 K zu halten.

6.4 Lichterzeugung im III-V Halbleiter - quantenmechanischer Ansatz

6.4.1 Das Energiebändermodell

Um die Lichterzeugung mit Leuchtdioden verstehen zu können, ist es zunächst sinnvoll, sich mit dem Begriff des Halbleiters und dem Energiebändermodell auseinanderzusetzen. Festkörper können nach ihren elektrischen Eigenschaften in **Isolatoren**, **Halbleiter** und **Leiter** eingeteilt werden (Abb. 6.5). Diese unterscheiden sich durch die energetische Lage und Form von Zustandsbändern, die über den gesamten Festkörper delokalisiert sind.

6 Lichtemittierende Dioden (LEDs)

Um diesen Ansatz zu verstehen, betrachten wir zunächst die Bindung im zweiatomigen Molekül. Durch Linearkombination der Materiewellen der s-Elektronen im Wasserstoffatom ergibt sich ein Bild, wie in Tafel 6.6 ($N=2$, gl. 6.1) dargestellt. Ein bindender und ein antibindender Zustand werden ausgebildet.

$$E = \alpha + 2\beta \cos\left[\frac{k_\lambda \pi}{N-1}\right] \quad k = 1, 2 \ldots N \quad \text{(Gl. 6.1)}$$

α = Coulomb - Integral
β = Resonanz - Integral

Eine 1-dimensionale Kette von Atomen ($N = \infty$) liefert hingegen so viele Zustände mit nur sehr geringen energetischen Unterschieden, dass diese auch als kontinuierliches **Energieband** verstanden werden können (**Kronig-Penney-Modell**). Das höchste mit Elektronen besetzte Band wird dabei als **Valenzband** (**VB**) bezeichnet, das energetisch nächst höher liegende Band als **Leitungsband** (**LB**). Im realen 3-dimensionalen Festkörper nehmen diese Bänder infolge der auftretenden Kristallpotenziale zum Teil recht komplizierte Formen an (Abb. 6.5, rechts).

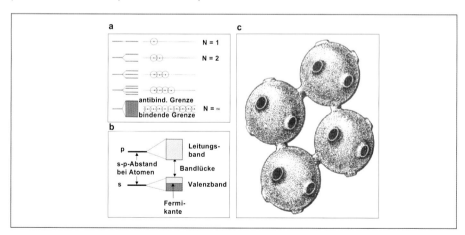

Abb. 6.5 a) Konstruktion eines Energiebands durch Linearkombination von Atomorbitalen, b) Valenz- und Leitungsband des Natriums, c) dreidimensionale Fermifläche von Kupfer

6 Lichtemittierende Dioden (LEDs)

Dennoch können Festkörper nach der Lage und dem energetischen Abstand dieser Bänder klassifiziert werden: Nichtleiter besitzen eine große Bandlücke, Metalle hingegen keine Bandlücke (Bandüberlagerung!) bzw. halbbesetzte Valenzbänder (Abb. 6.5 b). Halbleiter hingegen weisen eine im Vergleich zu Isolatoren deutlich verringerte Bandlücke auf. Durch Dotierung kann bei Halbleitern sowohl im Valenz- als auch im Leitungsband Teilbesetzung auftreten. Die Besetzung des Valenzbands mit Elektronen folgt der **Fermi-Dirak-Statistik**. Diese kann vereinfacht wie folgt dargestellt werden: Für ein System aus einer großen Zahl von Zuständen, die nur einfach besetzt werden können, wird der bei 0 K besetzte energiereichste Zustand als **Fermikante** (E_f) bezeichnet. In Abhängigkeit von der Temperatur sind dann auch Zustände oberhalb dieser Kante besetzt:

$$N = \Sigma n_i = \Sigma g_i \exp[(E-E_f/kT)+1)]^{-1} \qquad \text{(Gl. 6.2)}$$

g = Entartung des Zustands i
n = Zahl der Teilchen im Zustand i
E_f = Energie des Zustands

Der Auftrag der Temperaturabhängigkeit der Fermienergie gemäß Gl. 6.3 in Abb. 6.6 verdeutlicht, dass bei Raumtemperatur immer auch Elektronen oberhalb der Fermikante existieren.

$$f(E) = \frac{1}{\exp[E - E_f]/kT]+1} \qquad \text{(Gl. 6.3)}$$

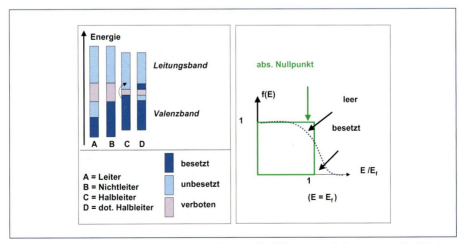

Abb. 6.6 a) Bandlücken bei Isolator, Leiter, Halbleiter und dotiertem Halbleiter

6 Lichtemittierende Dioden (LEDs)

b) Einfluss der Systemtemperatur auf die Fermi-Dirak-Verteilung der Elektronen
In einem undotierten Halbleiter liegt die Fermikante zwischen Valenz- und Leitungsband vorherrschenden verbotenen Zone. Durch Dotieren des Halbleiters kann jedoch die Fermikante in das Valenz- bzw. Leitungsband verschoben werden.

Abb. 6.7 a) Ausschnitt aus dem Periodensystem, p- und n-Dotierung

6.4.2 Dotierte III-V-Halbleiter und ihre Herstellung

III-V-Halbleiter sind chemische Verbindungen der Elemente der dritten und fünften Hauptgruppe. Werden bei der Herstellung derartiger Verbindungen Gitterplätze der Elemente der III oder V Hauptgruppe durch Elemente der IV Hauptgruppe ersetzt, so spricht man von Dotierung. Werden zum Beispiel in einem GaP-Kristall geringe Mengen von Silizium an Gitterplätzen des Galliums eingebaut, so gibt jedes Siliziumatom ein Valenzelektron an das Leitungsband des Halbleiterkristalls ab. Umgekehrt entzieht jedes Siliziumatom, das anstelle eines Phosphoratoms eingebaut wird, dem Kristallgitter ein Elektron. Im ersten Fall spricht man von **n-Dotierung**, im zweiten Fall von **p-Dotierung** (Abb. 6.7). Durch die Teilbesetzungen in Valenz- bzw. Leitungsband (Abb. 6.8 a) erhöht sich die Leitfähigkeit des Halbleiters um mehrere Größenordnungen. Dabei spricht man im Falle der n-Dotierung von Elektronenleitung, im Falle der p-Dotierung von Defektelektronenleitung oder Lochleitung.

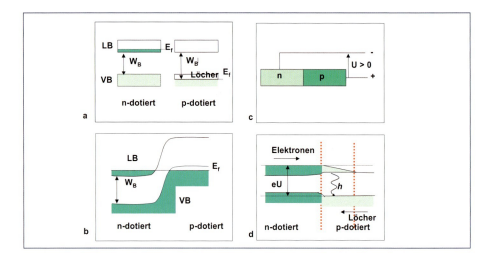

Abb. 6.8 a) Elektronische Struktur des p- und n-dotierten Halbleiters, b) pn-Kontakt ohne äußere Spannung, c) Vorwärtspolung des pn-Kontakts, d) Elektronische Struktur des vorwärtsgepolten pn-Kontakts

6.4.3 Der pn-Kontakt

Im **pn-Kontakt**, einer benachbarten Struktur aus einem p- und einem n-dotierten Halbleiter, verändert sich die lokale Bandstruktur: Es diffundiert positive Ladung (Löcher) ins n-Gebiet und negative Ladung (Elektronen) ins p-Gebiet, bis sich eine Raumladungszone ausbildet, die weitere Diffusion unterbindet. Die **Fermikanten** werden dabei energetisch egalisiert (Abb. 6.8b). Wird an den pn-Kontakt nun eine Spannungsquelle so angeschlossen, dass aus dem p-Gebiet zusätzlich Ladungsträger entzogen und ins n-Gebiet Ladungsträger injiziert werden (Vorwärtspolung, Abb. 6.8c,d), so entstehen im pn-Kontakt eine vom thermischen Gleichgewicht ($np = n_j^2$) abweichende Überschussladung ($np > n_j^2$). Durch Wechselwirkung der Elektronen und Löcher untereinander werden dabei im pn-Kontakt Elektron-Loch-Paare (**Exzitonen**) gebildet. Diese Exzitonen bewegen sich zunächst frei im pn-Kontakt und transportieren Energie, nicht aber Ladung. Die Energie (E_{ex}) der freien Exzitonen kann mit Hilfe einer modifizierten Rydbergformel in Analogie zum Bindungsmodell des Wasserstoffatoms beschrieben werden (Gl. 6.4).

6 Lichtemittierende Dioden (LEDs)

Abb. 6.9 *Energieniveauschema des freien und gebundenen Exzitons*

Sie entspricht der Bandlücke des Halbleiters (W_B) abzüglich einer sehr schwachen geringen Coulomb-Wechselwirkung (W_{frei}) zuzüglich einer geringen kinetischen Energie (W_{kin}). Unmittelbare Folge der nur schwachen Bindungsenergie ist ein im Vergleich zu den Einheitsvektoren des Kristallgitters relativ großer Bindungsabstand.

$$E_{Ex} = W_B - W_{frei} + W_{kin} = W_B - \frac{m_r e^4}{2(4\pi\varepsilon_0 \varepsilon \hbar)^2 n^2} + \frac{\hbar^2 k_\lambda^2}{2(m_e + m_h)} \quad \text{mit } m_r = \left[\frac{m_e m_h}{m_e + m_h}\right] \quad \text{(Gl. 6.4)}$$

e = Elementarladung
ε = Dielektrizitätskonstante des Exzitons
k_λ^2 = $(k_l + k_v)^2$; Wellenzahl, die dem Energieniveau von Valenz- und Leitungsband Rechnung trägt
m_r = reduzierte Masse des Exzitons

Der Übergang vom freien zum gebundenen Exziton vollzieht sich nur an ganz bestimmten Stellen im Halbleiterkristall, den *isoelektrischen Störstellen*, die Exzitonen festhalten (trapping). Unter isoelektrischen Störstellen versteht man eine Gitterplatzsubstitution eines Atoms im Wirtsgitter durch ein anderes Gruppenelement, z. B. Al oder B am Gitterplatz eines Ga-Atoms im GaP-Halbleiter (Abb. 6.5c). Die unmittelbaren Folgen sind eine lokale elektrische Polarisation bzw. kurzreichweitige elektrische Dipolkräfte aufgrund der unterschiedlichen Elektronegativitäten und Polarisierbarkeiten der ersetzten Wirtsgitter-Atome. Je nachdem, ob ein Exziton loch- oder elektronseitig an eine isoelektrische Störstelle andocken kann, unterscheidet man zwischen einem isoelektrischen Donor (neg. polarisiert) und einem isoelektrischen Akzeptor (pos. polarisiert). Nach initialer Exziton-Phonon-Wechselwirkung werden die Exziton-Löcher also von einem isoelektrischen Donor, die Exziton-Elektronen hingegen dann von einem isoelektrischen Akzeptor an die Energiebänder des Halbleiters abgegeben. Dieser Zerfallsprozess, auch **Rekombination** genannt, ist für die Elektrolumineszenz des pn-Kontakts ursächlich. Die Exiton-Phononen-Wechselwirkung kompensiert dabei durch Übertragung von kinetischer Energie die innere (W_{frei}) und äußere (W_{iso}) Bindungsenergie des Exzitons, so dass beim Exzitonenzerfall immer monochromatisches Licht enger Frequenzverteilung monochomatisches Licht mit einem einer der Energie des Bandabstands (W_B) entsprechenden spektralen Schwerpunkt abgegeben wird.

6.4.4 III-V-Heterostrukturen und Heteroübergänge

Die Zahl der binären III-V-Halbleiter ist auf eine geringe Zahl von Verbindungen begrenzt. Da die Emissionswellenlänge eines vorwärtsgepolten pn-Kontakts vom Bandabstand des Halbleiters geprägt wird, schränkt dies die Möglichkeiten bei der Lichterzeugung stark ein. Geht man hingegen zu ternären (A, A', B) und quaternären (A, A', B, B') Heterostrukturen (Mischkristalle), wie $Al_xGa_{1-x}As$, $GaAs_yP_{1-y}$, $InxGa_{1-x}As_yP_{1-y}$, über, so sind vom nahen UV bis zum nahen IR alle Emissionswellenlängen einstellbar. Dabei ist es besonders wichtig, nicht nur den Bandabstand einzustellen, sondern auch auf Ähnlichkeit in der Gitterkonstante und des thermischen Ausdehnungskoeffizients zwischen der Heterostruktur und dem Trägersubstrat zu achten, da sonst kein epitaktisches Aufwachsen der lichterzeugenden Schicht möglich ist.

6 Lichtemittierende Dioden (LEDs)

Abb. 6.10 *Fünffach-Heteroübergang und energetische Lage der Energiebänder in der Nähe der aktiven Zone*

Als **Heteroübergänge** werden Schichtübergänge zwischen verschiedenen binären, ternären und quaternären III-V-Halbleiterschichten bezeichnet. An derartigen Übergängen treten oft sprunghafte Änderungen des Bandabstands auf, was zu erheblichen Bandverbiegungen oder gar zu scharfen Potenzialzonen (**quantum walls**) führt. Durch die daraus resultierenden Unterschiede in der Leitfähigkeit und im Brechungsindex wird in einem Halbleiterchip nun gezielte Ladungsträgerlenkung (**carrier confinement**) und Lichtlenkung (**optical confinement**) möglich. Da die Lichtausbeute eines pn-Kontakts mit der Minoritätsladungsträgerdichte wächst, kommt dem carrier confinement bei der Steigerung des Wirkungsgrads eines modernen LED-Chips zentrale Bedeutung zu. Optical confinement spielt vor allem beim Halbleiterlaser eine große Rolle (siehe Kapitel 7). Für die LED ist optical confinement nur erforderlich, wenn der Öffnungswinkel des Strahls klein gehalten werden soll – z. B. für die optische Datenübertragung.

6.5 LED-Technologie

6.5.1 Aufbau, Wirkungsgrad und Ankontaktierung von LED-Lampen

Kommerziell verfügbare Halbleiter-Leuchtdioden bestehen aus einem Halbleiter-Chip, der in eine Kunststofflinse (PMMA) eingebettet ist. Die Kunststofflinse bündelt das divergent abgestrahlte monochromatische Licht des LED-Chips und schützt gleichzeitig den LED-Chip vor Feuchtigkeit und Korrosion. Die Ankontaktierung erfolgt meist mittels eines Anschlussdrahtes (wire bonding). Neben den seit den 70er Jahren üblichen 5 mm LEDs existieren seit 1999 auch die sogenannten High-Flux-LEDs (Abb. 6.11).

Letztere unterscheiden sich von 5 mm LEDs durch einen je nach Lichtfarbe um den Faktor 20 bis 50 höheren Lichtstrom. Die Leistungsverbesserung basiert neben der Zunahme der Chipgröße und Optimierung der Chipgeometrie vor allem auf einer Steigerung des Wirkungsgrades durch den Einsatz von Heterostrukturchips, die eine bessere Strom- und Lichtlenkung im LED-Chip ermöglichen.

Abb. 6.11 Aufbau von 5-mm Standard-LEDs und High-Flux-LEDs

6 Lichtemittierende Dioden (LEDs)

Abb. 6.12 Golddraht bond-pad zur Ankontaktierung der LED-Chip-Oberfläche

Abb. 6.13 a) Entwicklung der LED-Chip Technologie, b) Verhalten von LED-Chips in der Datenübertragung

6 Lichtemittierende Dioden (LEDs)

Für die Datenübertragung werden spezielle LED-Chips benötigt. Wie aus Abbildung 6.13 hervorgeht, folgt für kleine Modulationsfrequenzen die Lichtemission eines LED-Chips nahezu linear dem Anregungsstrom (Abb. 6.13 b). Die Lichtemission des Chips bei Rechteckmodulation des Stroms zeigt unter diesen Bedingungen gleiche Signalanstiegs- und Signalabfallzeiten. Die einzige Möglichkeit, hohe Übertragungsraten größer 1 Gb/s zu realisieren ist, die Signalanstiegs- und Signalabfallzeiten, die in einem gewöhnlichen LED-Chip etwa 100 ps betragen, zu reduzieren. Dies kann durch spannungsabhängige Dreiecksbarrieren im LED-Chip erreicht werden. Spannungsabhängige Dreiecksbarrieren ermöglichen es, auf einer Seite der aktiven Zone des Chips das Ausmaß des carrier confinements als Funktion von der am LED-Chip anliegenden Spannung zu variieren. Wird die Barriere ausgeschaltet, so können die Minoritätsladungsträger aus der aktiven Zone herausdriften und stehen somit für die Lichterzeugung nicht mehr zur Verfügung. Dies mindert die Signalabfallzeit um ca. 50% und ermöglicht dadurch eine deutlich schnellere Datenübertragung.

Abb. 6.14 Zuordnung der LED-Lichtfarben zu den Basis-III-V-Halbleitern

Halbleiter-Leuchtdioden sind heutzutage in fast allen Farben des sichtbaren Spektrums als auch als UV- oder Infrarotemitter verfügbar (Abb. 6.14). Sie basieren entweder auf dem kubischen AlInGaP- oder dem hexagonalen InGaN- Halbleitertyp. Die genaue Licht-

6 Lichtemittierende Dioden (LEDs)

farbe wird dabei über die Wahl eines geeigneten Heterostruktursystems eingestellt. Für die Erzeugung von weißem LED-Licht sind drei verschiedene LED-Bauformen denkbar. Zum einen kann das Licht einer roten, einer grünen und einer blauen LED additiv zu weißem Licht gemischt werden (Abb. 6.15 a). Der Nachteil dieser Methode besteht darin, dass der Weißpunkt des erzeugten Lichts über die Lebensdauer der LED und in Abhängigkeit von der Umgebungstemperatur schwankt. Zudem ist die Farbwiedergabeeigenschaft des weißen Lichts relativ schlecht. Eine wesentlich bessere Alternative stellt die Beschichtung eines blau emittierenden LED-Chips mit mindestens einem Fluoreszenzfarbstoff dar (Abb. 6.15 b).

Abb. 6.15 a) weiße LED auf RGB-Basis, b) Weiße LED auf Konversionsbasis mit Abbildung einer weißen 5W-LED (4x 1,2W Chips in einer LED-Lampe integriert, Φ = 120 lm)

Hierdurch lassen sich Schwankungen des Weißpunkts über die Lebensdauer der LED fast völlig eliminieren und die Farbwiedergabe auf R_a > 70 steigern. Technologisch ist es jedoch ausgesprochen schwierig, den Weißpunkt derartiger Konversions-LEDs in der LED-Produktion genau einzustellen. Ursache ist die Tatsache, dass ein Teil des sichtbaren Lichts des LED-Chips den Fluoreszenzfarbstoff unkonvertiert passieren muss. Schon geringfügige Dicke- oder Dichteschwankungen der Fluoreszenzfarbstoffbeschichtung

6 Lichtemittierende Dioden (LEDs)

führen daher zu einer Verschiebung des Weißpunktes. Eine technologisch bessere Lösung wäre die Konversion einer UV-emittierenden LED mit einem 3-Banden-Fluoreszenzfarbstoff in Analogie zur Leuchtstofflampe. UV-LEDs stehen jedoch heutzutage noch nicht mit einem ausreichenden Wirkungsgrad zur Verfügung.

Abb. 6.16 *Lichttechnische Wirkungsgrade kommerziell verfügbarer LEDs*

Der technische Wirkungsgrad einer Leuchtdiode hängt neben der Lichtfarbe aber auch sehr stark von der Temperatur der aktiven Schicht im Halbleiterkristall ab. Wie in Abb. 6.17 gezeigt ist, fällt der Lichtstrom dabei gemäß Gleichung (6.5) sehr stark mit steigender Umgebungstemperatur ab. Die Wellenlänge der LED-Emission vergrößert sich jedoch nur um 1 nm je 10 K Temperaturerhöhung (Gl. 6.6). Der Temperaturkoeffizient k ist dabei vom verwendeten Halbleitermaterial abhängig und beträgt ca. 10^{-2}.

$$\Phi(T_2) = \Phi(T_1) \; e^{-k_T(T_2-T_1)} \quad \text{(Gl. 6.5)}$$

$$\lambda(T_2) = \lambda(T_1) + (T_2 - T_1) \; * \; 0{,}1 \left[\frac{nm}{°C}\right] \quad \text{(Gl. 6.6)}$$

Φ = Lichtstrom der LED
T_1 = Temperatur vor dem Erwärmen der LED
T_2 = Temperatur nach dem Erwärmen der LED
λ = Hauptemissionswellenlänge der LED
k_T = Temperaturkoeffizient

6 Lichtemittierende Dioden (LEDs)

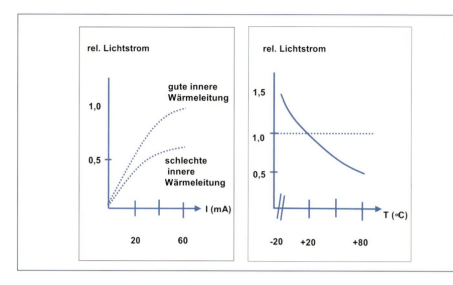

Abb. 6.17 *Lichtstromverhalten einer LED-Lampe*

Eine Hochleistungs-LED muss eine sehr gute innere thermische Leitfähigkeit besitzen, da bei einer Selbstaufheizung der LED die Glastemperatur der Epoxylinse (ca. 140°C) überschritten werden kann, was die LED augenblicklich zerstören würde. Doch schon bei Dauerbetriebstemperaturen oberhalb von 80°C sinkt die Lebensdauer eines LED-Chips erheblich. Ursache ist die mit steigender Temperatur gemäß Gleichung (6.7) rasch anwachsende Festkörperdiffusion, die zu einer Vermischung der ultra-dünnen Dotierungsschichten im pn-Übergang (junction) führt. Die LED verliert hierdurch an Effizienz.

$$D = D_0 \, e^{-\frac{E_{Akt}}{kT}} \qquad (Gl.\ 6.7)$$

D = Diffsionskoeffizient
D_0 = stoffspezifischen Konstante
E_{Akt} = Aktivierungsenergie
T = Temperatur (K)

Um LEDs für Beleuchtungszwecke einzusetzen, werden meist mehrere Einzel-LEDs auf einen Träger montiert (Abb. 6.18, Abb. 6.19). Dieser besteht in den meisten Fällen aus einer vom Aufbau her einfachen FR4-Leiterplatte (PCB, printed circuit board). LED-Mo-

6 Lichtemittierende Dioden (LEDs)

dule dieses Typs werden auch als LED-Boards oder LED-Prints bezeichnet. Die Montage der Einzel-LED erfolgt dabei entweder mittels Through-Hole-Technologie (THT) oder Surface-Mount-Technologie (SMT). Bei der THT werden die LEDs mit Kontaktstekkern durch die Leiterplatte gesteckt und anschließend mit dieser verlötet. Bei der SMT hingegen wird die LED von oben auf die Leiterplatte aufgelötet oder mit einem leitfähigen Klebstoff aufgebracht. Das Leiterplattendesign muß dabei eine optimale Wärmeabgabe der Einzel-LED gewährleisten. Zu beachten sind daher:

a) großflächige Metallkontakte insbesondere um den Anodenfuß der LED

b) Lüftungsschlitze zwischen LED und PCB

c) ein bei gegebener Leiterplattengeometrie maximaler Abstand der Einzel-LEDs von einander eine thermisch leitfähige Verbindung zwischen PCB und Leuchtengehäuse

Bei der Snap-LED (Abb. 6.19) wird die LED hingegen auf einen Metallträger montiert. Dies besitzt neben guter Wärmeableitung den Vorteil einer größeren Formvariabilität. SNAP-LEDs kommen insbesondere in der Automobilindustrie zum Einsatz. Darüber hinaus sind auch Verbindungen von Einzel-LEDs durch flexible Bänder bekannt.

Abb. 6.18 LED- Leiterplatten und Ankontaktierungsformen von LED-Lampen

6 Lichtemittierende Dioden (LEDs)

Abb. 6.19 Snap-LEDs. LED-Lampen-Ankontaktierung auf Trägerblechen für den Einbau in Formteilen (Automobil)

6.5.2 Die Klassifizierung von LED-Komponenten-Systemen

Um LED für Beleuchtungszwecke einzusetzen müssen ein oder mehrere Einzel-LEDs auf einen Träger montiert werden. Dieser besteht in den meisten Fällen aus einer vom Aufbau her einfachen FR4-Leiterplatte (LED-Boards oder LED-Prints). Aber auch eine Verbindung von Einzel-LEDs durch flexible Bänder ist bekannt (LED-Rails). LEDs werden gemäß in Analogie zu mikroelektronischen Baugruppen in verschiedene Integrationsklassen (Level) eingeteilt. In Abhängigkeit von der Zahl und Anordnung der Einzel-LEDs als auch von der Art der Ansteuerung werden fünf Integrationsklassen unterschieden (Abb. 6.20).

6 Lichtemittierende Dioden (LEDs)

Abb. 6.20 Klassifizierung von LED-Lichtquellen nach ihrer Integrationsklasse

6.5.3 Die Ansteuerung von LED-Arrays

LEDs müssen mit einer für die Einzel-LED charakteristischen Betriebsspannung (V_F), die je nach Lichtfarbe zwischen 1,5 V und 4 V beträgt, versorgt werden. Da eine LED eine Diode darstellt (Abb. 6.21), ist für den Einsatz immer auf die Vorwärtspolung des Bauelements zu achten: Die kleine Sperrspannung der LED von etwa 5 V macht das Bauteil nämlich relativ empfindlich gegen Umpolung. Da der absolute Lichtstrom einer LED von der Zahl der injizierten Ladungsträger abhängt, muss der Stromfluss durch die LED möglichst konstant gehalten werden (constant current mode). Aufgrund des sehr steilen Verlaufs der Stom-Spannungskennlinie im Betriebsfenster der Lichterzeugung (Abb. 6.21) sind spannungsstabilisierte Stromquellen hierzu nicht gut geeignet. Empfehlenswerter ist die Verwendung einer Konstantstromquelle mit strombegrenzendem Vorwiderstand und Umpolungs- bzw. Transientenschutz, zum Beispiel durch eine Hochvoltdiode. Abbildung 6.22 gibt eine preiswerte Lösung für eine Ansteuerung wieder, wie sie beim Einsatz von LEDs in der Automobilindustrie immer noch üblich ist: Der LED-Strom wird durch einen strombegrenzenden Vorwiderstand konstant gehalten. Ein zusätzlicher PTC-Widerstand, der im Vergleich zu einem Ohmschen Widerstand mit steigender Temperatur sehr viel schneller ansteigt, stellt zusätzlich einen effektiven Schutz gegen Überhitzung der aktiven Zone des LED-Chips dar: Ab einer von der Dimensionierung des PTC-Wider-

6 Lichtemittierende Dioden (LEDs)

stand abhängigen Maximaltemperatur wird der Strom durch die LED drastisch reduziert. Die Dimensionierung des strombegrenzenden Ohmschen Widerstandes ist vor allem von der internen Schaltung des LED-Arrays, der Sekundärspannung und der notwendigen Betriebsspannung der Einzel-LED bestimmt (Gl. 6.8).

$$R_{Ohm} = \frac{V_{in} - yV_{in}(I_F) - V_D}{xI_F} \qquad \text{(Gl. 6.8)}$$

I_F = Stromfluß durch die LED
V_{in} = Sekundärspannung
V_F = Betriebspannung der LED beim Strom I_F
V_D = Spannungsabfall der Hochvoltdiode
x = Zahl der parallen Verzweigung im LED-Model
y = Zahl der in Reihe geschalteten LEDs auf der Basis passiver Bauelemente

Alle großen LED-Hersteller bieten mittlerweile auch eigene Einheiten zur Spannungsversorgung und Regelung von LED-Modulen an. Meist kommen dabei constant-current-Regeleinheiten auf Basis aktiver Bauelemente zum Einsatz, die eine noch präzisere LED-Ansteuerung zulassen. Als Sekundärspannungen setzten sich dabei immer mehr 10 V, 24 V und 48 V am Markt durch.

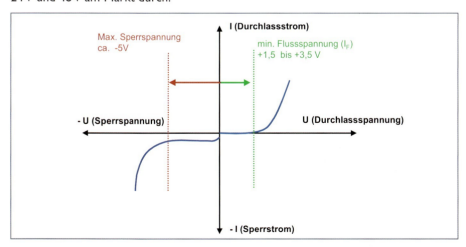

Abb. 6.21 LED-Kennlinie

6 Lichtemittierende Dioden (LEDs)

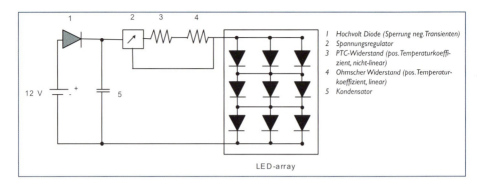

1 Hochvolt Diode (Sperrung neg. Transienten)
2 Spannungsregulator
3 PTC-Widerstand (pos. Temperaturkoeffizient, nicht-linear)
4 Ohmscher Widerstand (pos. Temperaturkoeffizient, linear)
5 Kondensator

Abb. 6.22   Schema einer LED-Ansteuerung

6.5.4 LED-Produkte und Applikationsfelder

LEDs kommen heutzutage vor allem dort zum Einsatz, wo eine einfarbige Lichtquelle großer Lebensdauer benötigt wird. Daher stehen Applikationen im Bereich Signaltechnik, Automobil, sowie indirekte Beleuchtung, wie Kontur- und Hintergrundbeleuchtung, im Vordergrund.

Abb. 6.23 Luxeon LED-System (Lumileds) mit integrierter Sekundäroptik.
a) Wirkprinzip der Sekundäroptik, b) optische Luxeon-Komponenten und Treiber
c) LED-Leuchte „LEDline" für die Außenanstrahlung (Philips AEG Licht)

6 Lichtemittierende Dioden (LEDs)

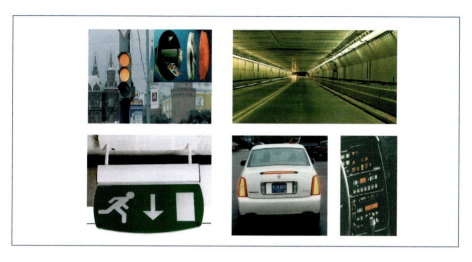

Abb. 6.24 *Moderne LED-Applikationen: Signaltechnik, Automobilindustrie, Sicherheitsbeleuchtung.*

Heutzutage stellen verschiedene große LED-Hersteller wie Philips (Lumileds), Osram oder Nichia dem LED-Anwender und -Leuchtenbauer verschiedene Standardkomponenten zur Verfügung. Die Produktpalette beginnt bei LED-Prints und endet bei Modulen zur Schildhinterleutung (Lumileds: LED-Rail, Philips: LED-String) und Konturbeleuchtung (Lumileds: Chip Strip).

Abb. 6.25 *LED-Prints*

Das Chip-Strip-System besteht aus farbigen mit LEDs bestückten Polycarbonat-Röhren, die eine zuverlässige, hochwertige Konturbeleuchtung für Innen- und Außenanwendungen zulassenäßt. Das LED-Rail System kommt hingegen vor allem in der Hintergrundbeleuchtung von Schildern und Tafeln zum Einsatz. Das flexible mit Einzel-LEDs bestückte Kunststoffband eignet sich aber auch für die Konturbeleuchtung.

6 Lichtemittierende Dioden (LEDs)

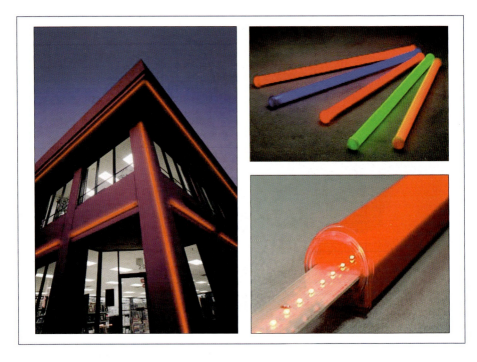

Abb. 6.26 Konturbeleuchtung mit Chip-Strip. Das System besteht aus farbigen mit LEDs bestückten Polycarbonat-Röhren.

Bei allen Applikationen kommt der Systemlebensdauer eine große Bedeutung zu. LED-Anstrahlungen stellen noch immer eine kostenintensive Lichtlösung dar, die sich nur durch lange, wartungsarme Betriebsintervalle der LED-Systeme betriebswirtschaftlich rechnet. Abb. 6.28 gibt die Lebensdauer und das Lichtstromverhalten von LED-Lampe, Träger und Treiber wieder. Dabei stellt der Treiber noch immer das kurzlebigste Glied der Kette dar. Bei LED-Applikationen sollte daher mit einem wartungsfreien Betriebsintervall von etwa 5-6 Jahren gerechnet werden. Die oft mit 100.000 h angegebene mittlere Chip-Lebensdauer spielt in der Beleuchtungspraxis nur eine untergeordnete Rolle, da vor allem die Platinen- und Treiberlebensdauer sowie der Lichtstromrückgang des LED-Chip die lichttechnischen Eigenschaften des Systems bestimmen.

6 Lichtemittierende Dioden (LEDs)

Abb. 6.27 Buchstabenhinterleuchtung mit LED-Rail und LED String

In den nächsten Jahren wird die LED-Technik durch die weitere Steigerung der Lichtausbeuten verstärkt auch in den Bereich der direkten Beleuchtung vordringen. Schon heute sind im Labormaßstab weiße LEDs mit Lichtausbeuten oberhalb von 30 lm/Watt und einer Farbwiedergabe von R_a > 90 bei einer Farbtemperatur von 3.000 K realisiert worden. Großflächige Lichtanlagen zur direkten Beleuchtung, wie in Abb. 6.29 dargestellt, sind in den nächsten 10 Jahren wohl noch nicht wirtschaftlich. Bei großflächigen Displays ist dies aber bereits heute der Fall.

6 Lichtemittierende Dioden (LEDs)

Abb. 6.28 Leistungsdaten von LED-Systemen

Abb. 6.29 LED-Versuchsstrecke zum Test von LEDs in der Straßenbeleuchtung (Outdoor-Light-Application-Center (OLAC), Philips Licht, Lyon)

7 Laserlicht und Laserapplikationen

7.1 Absorption und Emission – Einsteinsche Koeffizienten

Hinter dem Wort Laser (light amplification by stimulated emission of radiation) verbirgt sich die Verstärkung von Licht durch das Prinzip der induzierten Emission: Die Lichtabsorption eines Moleküls oder Kristalls, die mit einem Elektronenübergang von E_1 zu einem energetisch höher gelegenen Zustand E_2 verbunden ist, erfolgt immer induziert (Abb. 7.1). Dies bedeutet, dass genau ein Lichtquant der Energie ΔE aufgenommen werden muss, um ein Elektron von E_1 nach E_2 anzuheben. Für die strahlende Emission (Abregung) sind hingegen zwei Varianten möglich. Zum einen kann die **Emission spontan** erfolgen (E_{spon}), d.h. vom am Molekül oder Kristall anliegenden Strahlungsfeld unabhängig. Die abgegebene Strahlung ist dabei räumlich isotrop. Zum anderen kann die Emission durch Wechselwirkung mit einem Strahlungsfeld, d.h. **induziert**, erfolgen (E_{ind}). Die dabei emittierten Photonen verstärken dann eine Eigenschwingung des Strahlungsfeldes, werden also räumlich anisotrop, d. h. in Phase zur die Emission auslösenden Eigenschwingung des Strahlungsfeldes, emittiert.

Induzierte Absorption $\left(\dfrac{dN_1}{dt}\right)_{abs} = \sigma_{12} N_1 \, j_{Phot}$ (Gl. 7.1)

σ_{12} = Wirkungsquerschnitt des Zustands 1 (unterer Zustand)
N_1 = Zahl der Elektronen in Zustand 1 (unterer Zustand)
j_{Phot} = Photonenstromdichte

Spontane Emission $\left(\dfrac{dN_2}{dt}\right)_{spon} = -\dfrac{N_2}{\tau_2} = -A_E N_2$ (Gl. 7.2)

τ_2 = Lebensdauer des Zustands 2 (oberer Zustand)
A_E = Einsteinkoeffizient der spontanen Emission

Induzierte Emission $\left(\dfrac{dN_2}{dt}\right)_{ind} = \sigma_{21} N_2 j_{Phot} = \dfrac{\sigma_{21} I_{Phot}}{h\nu_{12}} = \dfrac{\sigma_{21} c \rho\, N_2}{h\nu_{12}} = B_{E21} \rho \, N_2$ (Gl. 7.3)

I_{phot} = Intensität der die induzierte Emission auslösenden Lichtwelle
ρ = Energiedichte (Energie/Volumen) der Lichtwelle
B_E = Einsteinkoeffizient der induzierten Emission

Das Verhältnis aus spontaner (A_E) und induzierter Emission (B_E) nimmt bei kurzen Wellenlängen zu Lasten der induzierten Emission zu. UV-Licht emittierende Laser sind daher nur unter deutlich höheren Pumpleistungen zu realisieren als Laser, die im Infraroten arbeiten.

$$\frac{A_E}{B_E} = 8\pi h \frac{c^3}{v^3} \quad \text{(Gl. 7.4)}$$

Die Anregung (Systemabkühlung) und die Abregung (Systemerwärmung) durch Stoßwechselwirkung oder Gitterschwingung bleibt bei dieser Betrachtung unberücksichtigt und wird pauschal dem Systemverlust zugeordnet.

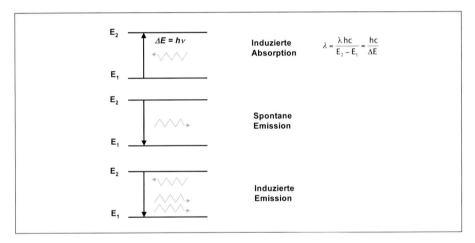

Abb. 7.1 Absorption und Emissionsarten

7.2 Zeitliche und räumliche Kohärenz

7.2.1 Thermische Lichtquellen

Die Erfahrung zeigt, dass zwei von verschiedenen konventionellen Lichtquellen, wie thermischen Strahlern und Gasentladungslampen, stammenden Wellen bei räumlicher Überlagerung nicht miteinander interferieren oder, genauer gesagt, keine sichtbaren Interferenzerscheinungen (Lichtverstärkung und Lichtauslöschung) erzeugen. Diese Strahlung ist nicht interferenzfähig und wird als **inkohärent** bezeichnet (lat. cohaehere = zusammenhängen). Konventionelle Lichtquellen strahlen begrenzte Wellenzüge von etwa 10^{-8} s Dauer aus. Die Phasenbeziehung zwischen zwei je aufeinander folgenden Wellenzügen wechselt dabei völlig unregelmäßig. Zwischen den verschiedenen räumlichen Punkten des emittierten elektromagnetischen Strahlungsfeldes besteht also keine Phasenkorrelation. Die **Interferenzerscheinung** ist damit **nicht stationär**, sondern ändert in Intervallen von etwa 10^{-8} s ihr Aussehen und kann folglich vom menschlichen Augen nicht beobachtet werden. Erst wenn das Licht einer einzigen konventionellen Lichtquelle in zwei oder mehrere Teilwellen zerlegt wird, sind in jedem Punkt des Überlagerungsraumes feste Phasenbeziehungen zwischen den Teilwellen vorhanden. Die Interferenz ist stationär und damit beobachtbar, da sich nun identische Wellenzüge der gleichen Lichtquelle überlagern (Abb. 7.2).

7.2.2 Laser

Durch die induzierte Emission werden im Laser zwar die emittierenden Atome synchronisiert und sollten einen regelmäßigen Wellenzug aussenden. Aber hin und wieder schert ein Atom aus dem Gleichtakt aus und emittiert spontan ein Photon, welches in Frequenz und Phase nicht mit dem vorhandenen Strahlungsfeld übereinstimmt.

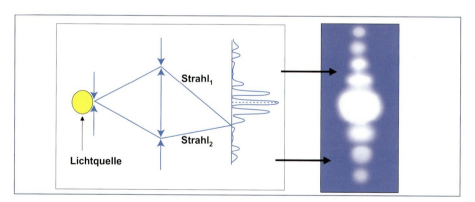

Abb. 7.2 *Young'sches Doppelspaltexperiment und dazugehöriges Wellenbild*

Dem regelmäßigen Strahlungsfeld überlagert sich eine statistische Störung. Diese ist zwar gering, aber mit wachsender Zeit addieren sich die Störungen, und der reale Sinuswellenzug verschiebt sich in nicht vorhersehbarer Weise gegen einen idealen Wellenzug. Die Zeit, nach der diese Verschiebung $\lambda/2$ beträgt, nennt man **Kohärenzzeit (τ_{coh})**. Multipliziert man die Kohärenzzeit mit der Vakuumlichtgeschwindigkeit (c_0), so ergibt sich die **Kohärenzlänge (l_{coh})**.

$$l_{coh} = c_0 \tau_{coh} \qquad \text{(Gl. 7.5)}$$

Der Kehrwert der Kohärenzlänge entspricht der **spektralen Bandbreite** (Halbwertsbreite) der Emissionsfrequenz des Laserlichts.

$$\Delta \upsilon = 1/\tau_{coh} \qquad \text{(Gl. 7.6)}$$

Die räumliche Kohärenz betrachtet hingegen die Güte der Phasenbeziehung zwischen zwei räumlich differenten Punkten im Strahlungsfeld. Im Idealfall, d. h. bei konstanter Phasenbeziehung, ergeben sich bei der Überlagerung zweier Wellenzüge, z. B. am Doppelspalt, stehende Interferenzfiguren. Die **Strahlenkennzahl K** ist ein Maß für die Güte der räumlichen Kohärenz (Tabelle 7.1).

Lichtquelle	zeitl. Kohärenz Kohärenzlänge	räuml. Kohärenz Strahlenkennzahl
Taschenlampe	0,5 µm	1/10.000
Festkörperlaser	0,1 m	1/100
CO2-Laser	1 m	0,8
He-Ne-Laser	10 m	1
He-Ne-Laser (stabilisiert)	300.000 km ($\approx$ 1s)	1

Tabelle 7.1 Räumliche und zeitliche Kohärenz verschiedener Lichtquellen.

Thermische Lichtquellen emittieren Licht durch spontane Emission in alle Raumrichtungen. Der von einem Laser emittierte Strahl wird hingegen mit wachsendem Anteil an Photonen, die durch induzierte Emission erzeugt werden, räumlich immer anisotroper, sein Öffnungswinkel fällt.

Das Produkt aus Öffnungswinkel (θ) und Strahldurchmesser (D) wächst mit der Güte der Laserstrahlung, d.h. mit wachsender räumlicher Kohärenz, die Strahlenkennzahl (K) geht gegen 1.

7 Laser und Laseranwendungen

$\theta \cdot D = 4\lambda/\pi K$ (Gl. 7.7)

Ein idealer Laserstrahl ($K = 1$) des Durchmessers D hat daher den Öffnungswinkel:

$\theta = 4\lambda/\pi D$ *(ideal)* (Gl. 7.8)

Ein weiteres Maß für die Güte des Laserstrahls ist seine **Schärfentiefe (Rayleighlänge, Z_r)**. Sie beschreibt die Wegstrecke, die zur Verdopplung des Strahlenbündeldurchmessers hinter dem Fokuspunkt F führt, wenn ein Laserstrahl eine konvergierende Optik passiert.

$Z_r = K\,\pi F^2/4\lambda$ (Gl. 7.9)

Eine hohe Strahlqualität ist durch eine Strahlenkennzahl nahe 1, große Kohärenzlänge und große Schärfentiefe charakterisiert. Charakteristisch für die Laserstrahlung ist also die hohe zeitliche und räumliche Kohärenz bei **gleichzeitig** hoher Strahlungsintensität. Hoch kohärentes Licht lässt sich nämlich auch aus einer thermischen Strahlungsquelle mittels Blende (Verringerung der räumlichen Kohärenz) und Frequenzfilter (Verringerung der zeitlichen Kohärenz) herausfiltern, was allerdings zu sehr geringen Strahlungsintensitäten führt.

Eine eindeutige Unterscheidung zwischen Laserlicht und thermischem Licht gelingt daher durch Parameter der geometrischen Optik nicht. Auf Quantenniveau können thermisches Licht und Laserlicht aufgrund ihrer unterschiedlichen Photonenstatistik sehr wohl eindeutig unterschieden werden. Enthält das elektromagnetische Feld nur sehr wenige Photonen, so machen sich diese durch eine Fluktuation der Lichtintensität bemerkbar, was heutzutage mittels Photomultiplier problemlos nachzuweisen ist. Dabei unterliegen die Photonen einer thermischen Lichtquelle einer **Bose-Einstein-Verteilung**, die Photonen einer Laserquelle hingegen einer **Poisson-Verteilung** (Abb. 7.3). Die Intensitätsschwankungen in der thermischen Lichtquelle sind folglich aufgrund der im Vergleich zur Poisson-Verteilung wesentlich breiteren Bose-Einstein-Verteilung deutlich größer (**Photonen bunching**).

Abb. 7.3 Unterscheidung von Laserlicht und Licht thermischer Lichtquellen über die unterschiedliche Photonenstatistik.

Abb. 7.4 Schematischer Aufbau eines Lasers

7 Laser und Laseranwendungen

7.3. Laseraufbau und Wirkungsprinzip

Das Gundprinzip des Lasers lässt sich folgendermaßen zusammenfassen: Ein Laser besteht im wesentlichen aus drei Komponenten: Dem **Lasermedium** (aktives Medium, verstärkendes Medium), in das von einer **Energiepumpe** Energie hineingepumpt wird, und einem optischen **Resonator**, der ein Teil dieser Energie in Form von elektromagnetischen Wellen speichert (Abb. 7.4).

In zeitlicher Reihenfolge laufen bei der Inbetriebnahme des Lasers folgende Prozesse ab:

1) Die mit elektrischem Strom angetriebene Energiepumpe, wie Blitzlichtlampe (Xe), kontinuierliche Gasentladungslampe (Kr) oder Diodenlaser, bewirkt bei den aktiven Spezies im Lasermedium eine induzierte Absorption von Lichtquanten. Eine vom thermischen Gleichgewicht abweichende Besetzung (siehe Bolzmanngleichung, Kapitel 5) eines oder mehrerer Energieniveaus oberhalb des Grundniveaus bildet sich aus (Abb. 7.5).

2) Nahezu gleichzeitig zur Absorption emittieren die aktiven Spezies spontan Lichtquanten. Meist werden druck- oder schwingungsverbreiterte Linien unterschiedlicher Intensität und Frequenz gleichzeitig emittiert.

3) Der Resonator beginnt nun eine oder mehrere dieser emittierten Frequenzen in Abhängigkeit von seiner Baulänge und der Beschaffenheit der verwendeten Spiegel hin- und her zu reflektieren. Eine stehende Lichtwelle bildet sich aus, die induzierte Emission auslöst. Für den erfolgreichen Laserbetrieb muss die Rate der induzierten Emission jedoch größer sein als die Rate der induzierten Absorption, zuzüglich aller optischen Verluste des Systems. Dies kann nur durch Besetzungsinversion ($N_2 > N_1$) und ausreichende Wechselwirkung mit dem aktiven Medium (hoher Wirkungsquerschnitt) erreicht werden. Der optische Resonator des Lasers wird benötigt, um durch Hin- und Herlaufen der Lichtwelle zwischen zwei Spiegeln (stehende Welle) die Weglänge durch das aktive Lasermedium zu vergrößern, und somit einen ausreichenden Verstärkungsfaktor G zu erreichen:

$$G = exp\,[\sigma_{21}\,(N_2 - N_1)L] \qquad (Gl.\ 7.10)$$

σ_{21} = Wirkungsquerschnitt des oberen Laserniveaus
L = Länge des Resonators
G = Verstärkungsfaktor

Verstärkung tritt genau dann ein, wenn das Produkt aus dem mittleren Reflektionsgrad (R) der Resonatorspiegel und dem Verstärkungsfaktor (G) größer 1 wird ($GR > 1$).

4) Die Lichtwelle im Laser wird nun bei jedem Durchlauf durch den Resonator verstärkt. Ein stationäres Gleichgewicht bildet sich aus: Durch den halbdurchlässigen Spiegel des Resonators wird alles Licht oberhalb der Sättigungsintensität, dass durch induzierte Emission entsteht, ausgekoppelt.

$$I_{sätt} = h\nu/\sigma_{21}\tau \qquad \text{(Gl. 7.11)}$$

Unabhängig davon, wie hoch die Pumpleistung über der Schwellenwertleistung liegt, stellt sich im stationären Betrieb (cw, contineous wave) des Lasers immer ein Inversionsgrad ein, bei dem die Lichtabgabe durch den halbdurchlässigen Resonatorspiegel und innere Verluste des Lasermediums (Absorption, Beugung, Brechung an Spiegeln etc.) gerade kompensiert werden.

Abb. 7.5 *Elektronische Übergänge beim Dreiniveaulaser und Frequenzabhängigkeit des Verstärkungsfaktors*

7.3.1 Der Laserresonator und seine Moden

Die Länge des Laserresonators muß so eingestellt sein, dass dessen Länge (**L**) genau einem ganzzahligen Vielfachen der halben Wellenlänge entspricht, die verstärkt werden soll (**L = nλ/2**, Abb. 7.7). Die sich in diesem Fall ausbildende stehende Welle wird durch die

7 Laser und Laseranwendungen

Anzahl (n) der Knoten gekennzeichnet und als **longitudinaler Mode** bezeichnet (Schwingung parallel zur Achse des Resonators).

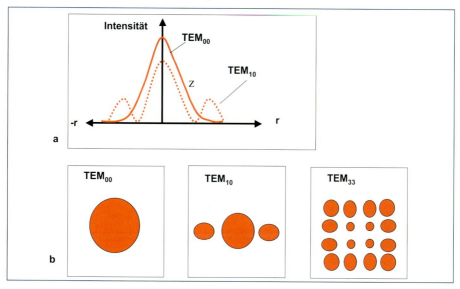

Abb. 7.7 Lasermoden

Aber auch quer zur Richtung der stehenden Welle bildet sich eine Modenstruktur aus, die als **transversaler Mode** (TEM) bezeichnet wird. Der TEM kennzeichnet die Intensitätsverteilung im Querschnitt des Laserstrahls (Eigenschwingungsform des elektrischen Feldstärkevektors). Angestrebt wird für den Laserbetrieb meist der Grundmode (TEM$_{00}$, Gaußscher Mode), da bei ihm die Strahlqualität (Fokussierbarkeit) am besten ist.

7.3.2 Erzeugung von Laserpulsen

Durch die Anregungsleistung wird im oberen Laserniveau eine Überbesetzung aufgebaut. Ist diese ausreichend groß, so setzt Selbsterregung ein, und durch die induzierte Emission wird die Überbesetzung auf den Gleichgewichtswert abgebaut. Das System funktioniert wie ein Waschbecken mit einem Überlauf. Erhöhter Zufluss ändert nicht den Wasserspiegel, sondern vergrößert den Abfluss (beim Laser die Ausgangsleistung). Doch was geschieht, wenn man den Überlauf verschließt – wenn man verhindert, dass während des Aufbaus der Inversion ein Feld im Resonator entsteht? Der Wasserspiegel steigt! Genau das wird beim Laser mit **Q-Switch** gemacht (Güteschaltung, Q = quality). Ein mechanischer Schalter verdeckt einen Resonatorspiegel und unterbindet damit Reflexion, Verstärkung und induzierte Emission. Die Laserpumpe kann nun das obere Laserniveau bis zu einem Gleichgewichtsniveau weit oberhalb des kontinuierlichen Laserbetriebs bevölkern. Die maximale Besetzungsdichte hängt nun nur von der spontanen Emissionsrate ab. Wird die Rückkopplung kurzzeitig freigegeben (Pulszeit 10^{-8}-10^{-9}s), so entsteht ein sehr starker Laserpuls, der im Megawatt-Bereich liegen kann. Die Pulsrate beträgt bei der Güteschaltung ca. 1 Hz. Am Beispiel des Wasserbeckens entsteht durch die Güteschaltung ein bis zum Rand gefülltes Becken, das durch Ziehen des Stöpsels einen kurzen starken Wasserstrahl freisetzt. Wesentlich schnellere Pulsraten lassen sich durch elektrooptische Schalter (Kristall) erreichen, die auf die Umlaufzeit des Pulses im Resonator abgestimmt sind, die typischerweise etwa 10^{-8} s beträgt.

Noch schnellere Pulsraten und kürzere Pulszeiten (bis 10^{-12} s) lassen sich mit der sogenannten Modenkopplung erreichen. Hierfür sind Laser erforderlich, die über eine breite spektrale Bandbreite emittieren können, d. h. bei denen viele verschiedene Longitudinalmoden im Laserresonator auftreten können (z. B. Farbstofflaser). Bei der Modenkopplung werden nun mit Hilfe eines sehr schnellen optischen Schalters die verschiedenen Moden innerhalb des Resonators in Phasenkorrelation gebracht. Hierdurch entsteht ein gepulster Lichtstrahl, dessen Pulsabstände dem Kehrwert des Frequenzabstands (Δt_{Puls} = $1/\Delta v_{Mode}$ = $2L/c$) der Lasermoden entsprechen. Die Pulsbreite korreliert hingegen mit dem Kehrwert der Halbwertsbreite der Verstärkungskurve im Lasermaterial.

7.3.3 Laserklassen

In Abhängigkeit von ihrer Schädigungswirkung auf das menschliche Auge sind Laser in verschiedene Klassen eingeteilt (DIN 60825-1). Diese Einteilung gilt auch für LEDs. Die wichtigsten Klassen sind hier wiedergegeben:

Klasse 1:	sicher für das menschliche Auge
Klasse 1M:	sicher ohne Hilfsmittel (Lupe, Fernrohr etc.)
Klasse 2:	sicher durch Abwendungsreaktion oder Lidschluss (t < 0,25s) (nur für VIS-Laser; 400-700 nm).
Klasse 3B:	direkter Blick in den Strahl führt immer zu Schädigung des Auges
Klasse 4:	Hochleistungslaser, Strahl u. seine diffuse Reflexion schädigen Auge&Haut

7 Laser und Laseranwendungen

7.4 Ausgewählte Lasertypen

7.4.1 Festkörperlaser

Der älteste überhaupt bekannte Laser ist der Rubinlaser. 1960 wurde erstmalig durch Maiman mittels einer Xe-Blitzlichtlampe und eines synthetischen Rubinstabs (0,5% Cr^{3+}-Ionen in Al_2O_3-Wirtsgitter) die 1916 von Einstein theoretisch behandelte stimulierte Emission im optischen Spektralbereich nachgewiesen (Abb. 7.8).

Der Rubinlaser ist ein 3-Niveau-Laser. Dies bedeutet, dass das untere Energieniveau des strahlenden Laserübergangs einen Grundzustand darstellt. Daraus folgt, dass der für den Laserbetrieb notwendige Zustand erst ab 50% Anregung, d.h. bei sehr hoher Pumpleistung, erreicht werden kann. Dies sowie Selbstabsorption in den schwächer gepumpten Bereichen des Lasermediums reduziert den maximalen Wirkungsgrad des Rubinlasers und ermöglicht ausschließlich Pulsbetrieb, um das Lasermedium nicht zu überhitzen.

Ein Überwiegen der induzierten Emission durch Besetzungsinversion ($N_2 > N_1$) ist bei sehr langen Lebensdauern der oberen und kurzen Lebensdauern des unteren Zustands einfacher zu erreichen. Genau dies ist beim wichtigsten und zugleich „preiswertesten" Festkörperlaser realisiert, dem Nd:YAC-Laser (Abb. 7.9, 7.10). Das aktive Medium dieses Lasers besteht aus neodymdotiertem Yttrium-Al-Granat (1% Nd^{3+}-Ionen im $Y_3Al_5O_{12}$-Wirtsgitter).

Historie des Lasers

1913	Erfindung der elektischen Verstärkerröhre (Forest & von Lieben)
1916	Theoretische Behandlung des optischen Verstärkungsprinzips (Einstein)
1913	erstes selbstschwingendes elektr. System „elektrische Taschenuhr" (Meißner)
1954	erster Maser (Mikrowellenverstärkung) (Gordon & Zeiger, Basov & Prokhorov)
1960	erster Laser = Rubinlaser (Maiman)
1962	erster Diodenlaser
1973	kosmischer Laser: Laserlicht in Quasaren entdeckt
1984	erster Röntgenlaser

Beim 4-Niveau-Laser (Abb. 7.9) ist im Gegensatz zum 3-Niveau-Laser das untere Niveau kein langlebiges Grundniveau, sondern ein kurzlebiger angeregter Zustand. Beim Nd:YAC-Laser reicht daher eine niedrigere Pumpleistung aus, um einen Laserbetrieb zu ermöglichen, so dass auch ein kontinuierlicher Betrieb (cw, contineous wave) möglich wird, ohne das aktive Medium zu überhitzen – ausreichende Wasser – oder Luftkühlung vorausgesetzt.

Abb. 7.8 Rubinlaser: a) Aufbau und b) optische Übergänge

Abb. 7.9 Neodym-YAC-Laser: a) Aufbau und b) optische Übergänge

7 Laser und Laseranwendungen

Die Emissionslinie des Nd:YAC-Lasers kann durch Frequenzverdopplung, z. B. durch einen Kaliumdihydrogenphosphat-Kristall (KDP) im Resonator, von 1064 nm in den sichtbaren Bereich verschoben werden (523 nm). Während der Wirkungsgrad für den cw-Betrieb nur ca. 4,5% beträgt, lassen sich im Pulsbetrieb diodengepumpter Nd:YAC-Laser bis zu 10% Wirkungsgrad in Bezug auf die verbrauchte elektrische Leistung erreichen. Der Umweg elektrische Leistung (100%) → Diodenlaser (50%) → Festkörperlaser (10%) wird dabei beschritten, um eine viel bessere Laserstrahlqualität zu realisieren, obgleich dabei der Wirkungsgrad deutlich zurückgeht. Eine weitere bedeutsame Variante des Nd:YAC-Lasers ist der in der Medizintechnik zur Photoablation eingesetzte Er:YAC-Laser (2,9 µm).

Abb. 7.10 Diodengepumpter Neodym-YAC-Laser mit Wasserkühlung

7.4.2 Gaslaser

Gaslaser repräsentieren noch immer die größte Gruppe in der rasch wachsenden Laserfamilie. Ihre Popularität liegt an den günstigen Ausgangsmaterialien und der im Vergleich zu anderen Lasertypen einfachen Herstellbarkeit. Hauptsächlich finden Gase, wie $He\text{-}Ne$, Ar, Kr und CO_2, Anwendung. Besonders häufig werden neben den leistungsstarken CO_2-Lasern Ar- und Kr-Laser eingesetzt. Diese Laser haben einen enormen Vorteil: Sie sind in der Lage, mehrere Linien, also Wellenlängen, gleichzeitig zu produzieren. Diese reichen über das ganze Farbspektrum. (Ar: 334 - 528 nm, Kr: 337 - 799 nm).

Für Lasershows eigenen sich besonders Mischgaslaser (Ar/Kr), mit deren Hilfe durch gleichzeitige Emission mehrerer im sichtbaren Bereich liegender Spektrallinien „weißes Laserlicht" erzeugt werden kann. Da die Wirkungsgrade nur bei > 1% liegen, ist bei größeren Leistungen Wasserkühlung erforderlich.

7.4.3 Farbstofflaser

Im sichtbaren und ultravioletten Spektralbereich sind Farbstoff-Laser (Abb. 7.11, 7.12) die bisher bei weitem dominierenden Vertreter durchstimmbarer Laser (300 - 1.200 nm). Je Farbstoff kann dabei die Frequenz um bis zu 150 nm variiert werden. Ursache ist der Laserübergang zwischen zwei elektronischen Bändern, die jeweils eine größere Anzahl von Schwingungsunterniveaus enthalten. Durch Variation der Resonatorlänge (Gitter, Etalon etc.) lässt sich der maximalverstärkte Übergang innerhalb der Bänder energetisch verschieben. Bei konstanter Pumpe (Kr-Lampe, Diodenlaser, Cu-Laser) ist, begünstigt durch das 4-Niveau-System, cw-Betrieb möglich. Der maximale Wirkungsgrad von ca. 50% wird beim Betrieb am Cu-Laser erreicht. Extrem kurze Pulse (<10^{-12} s) lassen sich bei Farbstofflasern durch Modenkopplung erzielen. Beim Farbstofflaser besteht das aktive Medium aus einer ca. 1mMol wässrigen Lösung eines Farbstoffs mit ausgedehntem π-Elektronensystem. Eine kontinuierliche Durchströmung des mit Sauerstoff angereicherten Lasermediums dient der optimalen Wärmeabführung und verringert Verluste durch strahlungslose Übergänge zwischen dem Emissionsniveau des Lasers (Singulett-Zustand) und dem Triplett-Termsystem (Intersystem-Crossing).

Abb. 7.11 Durchstimmbarer Farbstofflaser: a) Aufbau und b) optische Übergänge

7 Laser und Laseranwendungen

Abb. 7.12 *Farbstoffklassen und die Breite ihrer Fluoreszenzübergänge*

7.4.4 Halbleiterlaser (Diodenlaser)

Beim Diodenlaser wird der elektrische Strom direkt zur Erzeugung der Besetzungsinversion ausgenutzt. Diodenlaser ähneln vom Aufbau her einer LED (Abb. 7.13, 7.14). Im Gegensatz zur LED muss jedoch die Diffusionszone des Halbleiters (pn-Kontakt) verspiegelt werden, um einen Laser-Resonator zu erzeugen. Außerdem muss die Stromdichte so hoch gewählt werden, dass der für den Laserbetrieb notwendige Schwellenstrom überschritten wird. Als Resonatorflächen in Emissionsrichtung dienen beim Diodenlaser im einfachsten Fall die glatten äußeren Kristallflächen des Halbleiterkristalls. Senkrecht zur Emissionsrichtung erfolgt die Lichtreflexion an Dünnschichten differenter Brechungsindizes.

Abb. 7.13 *Schematischer Aufbau eines Diodenlasers*

7 Laser und Laseranwendungen

Bei kleiner Leistungsaufnahme arbeitet der Halbleiterlaser im LED-Mode. Erst ab einer bestimmten Mindeststromaufnahme, die von der Bauart des Lasers abhängig ist, wird die Schwelle zur Dominanz der spontanen Emission und damit zum Laserbetrieb überschritten (Abb. 7.13). Die Lichtemission geht zu einer geringeren Halbwertsbreite und höherer Kohärenz über.

Halbleiterlaser sind charakterisiert durch geringe Herstellungskosten, sehr kleine Abmessungen (µm-Bereich), 5%-Lebensdauern bis zu 50.000 Stunden, Wirkungsgrade bis über 50% sowie einfache Modulierbarkeit der Intensität über den Betriebsstrom. Letztere ermöglicht, Frequenzen bis in den Gigaherzbereich zu übertragen. Zu den Nachteilen von Diodenlasern zählen die infolge des sehr kleinen Resonators nur mäßige Strahlqualität (grosse Linienbreite u. Divergenz) sowie ihre geringe Einzelleistung. Letztere kann jedoch durch die Konstruktion von Heterostrukturen deutlich verbessert werden: Beim Übergang von der einfachen pn-Diffusionszone zu ternären und quartären Mehrfachschichten differenter Dotierung (z. B. *n-GaAs/n-GaAlAs/GaAs(n od. p)/p-GaAlAs/p-GaIAs statt p-GaAs/n-GaAs*) lassen sich sehr dünne pn-Kontaktzonen herstellen, die seitlich durch Schichten mit größerer Bandlücke und höherem Brechungsindex begrenzt werden (**carrier confinement** und **optical confinement,** Abb. 7.14). Hierdurch wird die Rekombinationsrate vergrößert und die Qualität des Resonators gesteigert; cw-Betrieb wird durch eine deutliche Verringerung des Schwellstroms möglich. Das confinement in der zweiten Dimension senkrecht zum Emissionsstrahl erfolgt dann durch nur lokale Stromzuführung (**gain guided**, gewinngeführt) oder durch Sperrschichten (**index guided**, indexgeführt). Eine weitere Möglichkeit zur Vergrößerung der Energiedichte von Diodenlasern stellt ihre Gruppierung in **Streifen- oder Stapelarrays** dar, die Energiedichten von über 200 W/cm^2 ermöglichen. Die Emissionswellenlänge eines Diodenlasers ist einer großen Fertigungstoleranz unterworfen, die bis zu bis ± 5% betragen kann. Der Temperaturkoeffizient der Emissionswellenlänge von ca. 0,07 nm/°C ist zudem so groß, dass auf konstante Betriebstemperaturen geachtet werden muss.

7 Laser und Laseranwendungen

Abb. 7.14 Diodenlaser: a) einfacher Diodenlaser b) gewinngeführter Diodenlaser c) carrier- und optical confinement durch Bandindexsprünge im Halbleiterkristall

Abb. 7.15 Halbleiterlaser: Übergang vom LED- zum Lasermode

Die Intensität von Diodenlasern kann direkt über den Betriebsstrom moduliert werden. Dies ermöglicht, Frequenzen bis in den Gigaherzbereich zu übertragen. Weiterhin kann die Emissionsfrequenz des Laserlichts über einen Spektralbereich von etwa 10% der Zentralwellenlänge verschoben werden. Um eine derartige Durchstimmung zu ermöglichen, werden anstatt des Resonators, der durch die Kristallflächen gegeben ist, externe

Resonatoren verwendet, die eine Frequenzselektion durchführen. Im einfachsten Fall ist dies ein Beugungsgitter (siehe Farbstofflaser, Abb. 7.11).

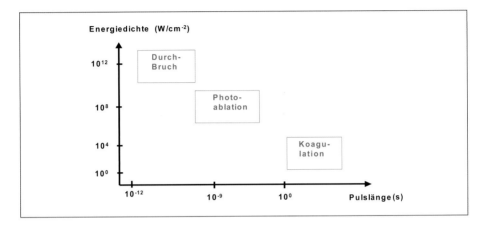

Abb. 7.16 *Auswirkung von Laserlicht auf menschliches Gewebe*

7.5 Laseranwendungen

7.5.1 Medizintechnik

Laser werden in der Medizin zu diagnostischen und therapeutischen Zwecken angewendet (Abb. 7.16). Wird Gewebe mit einem Laserstrahl bestrahlt, so erhöht sich dessen Temperatur durch Absorption. Bei 60°C koaguliert das Eiweiß, bei 100°C verdampft das Gewebewasser und bei weiterer Temperaturerhöhung karbonisiert das Gewebe. So kann mittels Eximerlaser (ArF, $XeCl$) im UV und Erbiumlaser im IR Gewebe durch ultrakurze Pulse (10^{-9}-10^{-6} s, 10mJ) verdampft werden (Photoablation), ohne die Umgebung durch Wärmeleitung in Mitleidenschaft zu ziehen. Die LASIK-Methode, bei der durch Abtragung die Krümmung der Hornhaut verändert wird, ist ein bekanntes Beispiel für einen derartigen Lasereinsatz (Abb. 7.17). Bei noch höheren Laserleistungen und noch kürzeren Pulsen (10^{-12}-10^{-9} s) tritt optischer Durchbruch auf, auch Photodisruption genannt. Der Effekt wird in der Augenheilkunde routinemäßig zur Zerstörung der trüben Nachstarmembran und zur Zertrümmerung von Nieren- und Blasensteinen eingesetzt. Vorteile des Lasereinsatzes wie nichtblutende Schnitte, hohe Schnittpräzision und Remote-Chirurgie mittels Glasfasern, stehen Nachteile, wie die hohen Kosten der zum Teil äußerst komplexen Geräte und eine oftmals schlechtere Wundheilung, gegenüber.

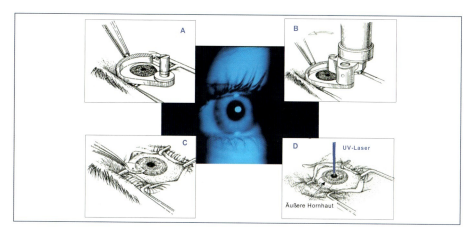

Abb. 7.17 Teilschritte einer „LASIK"-Operation der Hornhaut:
A) Fixieren des Auges, B+C) Entfernen der äußeren Hornhautklappe (Flap)
D) Photoablation mittels Excimer-Puls-Laser.

In der Mikrobiologie werden Laser heutzutage ebenfalls eingesetzt (Abb. 7.18). Wichtige Applikationen sind hier die Ausnutzung des Lichtdruckgradienten im Laserfokus zum Einfangen und Bewegen von Zellen und anderen Biomaterialien (optische Pinzette). Im "Therapeutischen Fenster" zwischen 600 u. 1.200 nm, einem Wellenlängenbereich, in dem an Zellen kaum Absorption auftritt, können Zellen mit gepulsten Laserdioden durch den Lichtdruck im Fokus (hoher Dichtegradient) des Laserstrahls eingefangen und transportiert werden. Eine Zellextraktion aus Lösung ist ebenfalls möglich (**Laser Pressure Catapulting, LPC**). Oftmals ermöglichen derartige Manipulationsmikroskope auch gleichzeitig mikrometergenaue Schnitte mittels gepulster UV-Laser (z. B. N_2-Laser).

Erste Lasererfolge in der Medizin

1972	erste erfolgreiche Mammachirurgie mittels CO_2-Laser
1976	Erfolgreiche Entfernung eines Hirntumors mit einem CO_2-Laser (Uniklinik Graz)

7 Laser und Laseranwendungen

Abb. 7.18 a) Lasermanipulationsmikroskop, b) „fliegende" Zelle

7.5.2 Metallbearbeitung

Während bei der mechanischen Bearbeitung von Werkstoffen die Materialhärte eine der wichtigsten Kenngrößen darstellt, ist diese bei der Laserbearbeitung der wellenlängenabhängige Absorptionskoeffizient (Abb. 7.19). Er bestimmt letztendlich die am besten geeignete Lasertype und Verarbeitungsgeschwindigkeit des Werkstoffs. Bei Metallen steigt beim Übergang in den Plasmazustand die Lichtabsorption sprunghaft an. Plasmazustände sind aber erst bei sehr hohen Laserleistungen ($> 10^6$ W/cm^2) auf der Werkstoffoberfläche realisierbar.

Mittels CO_2- Nd:YAC- oder Excimer-Lasern werden heute die unterschiedlichsten Materialbearbeitungen durchgeführt. Zu den wichtigsten Laseranwendungen zählen Schweißen, Schneiden, Bohren, Gravieren und Oberflächenlegieren von Werkstoffen.

7 Laser und Laseranwendungen

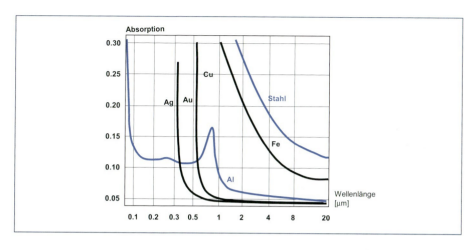

Abb. 7.19 a) Wellenlängenabhängige Lichtabsorption eines CO_2-Lasers

Abb. 7.20 Arbeitsfenster von CO_2-Lasern in der Metallverarbeitung

7.5.2.1 Laserschweißen

Beim **Wärmeleitungsschweißen** (Schweißnaht max. 2m/min) wird bei kontinuierlichem Laserbetrieb oder Pulsraten < 10^3/s und Strahlungsintensitäten um 100W/cm^2 das Grundmaterial (Stahl, Aluminium etc.) lokal aufgeschmolzen. Bei Strahlungsintensitäten oberhalb von $10^6 W/cm^2$ ist hingegen das technisch bedeutendere **Tiefenschweißen** möglich (Schweißnaht max. 20m/min). Durch Ausbildung eines induzierten Lokalplasmas unter Einwirkung des Strahls eines CO_2-, Nd:YAC- oder Hochleistungsdiodenlasers auf die Materialoberfläche wird eine sehr hohe Energieaufnahme erreicht. Der Laserstrahl kann nun tief in das Grundmaterial eindringen und gasförmiges Grundmaterial herausschleudern (Abb. 7.21).

Abb. 7.21 Laserschweißen: Modell und Applikationsphoto

Generell kann Laserschweißen bei allen mit Standardschweißverfahren verarbeitbaren Werkstoffen eingesetzt werden. Die großen Vorteile des Laserschweißens liegen in der nur sehr lokalen thermischen Belastung des Werkstücks (kleine großflächigen Hitzeverspannungen), der hohen Schweißgeschwindigkeit, der sauberen Naht sowie in der Verarbeitbarkeit auch kleinster, schwer zugänglicher Werkstücke.

7.5.2.2 Laserschneiden

Beim Laserschneiden wird zwischen Schmelz-, Sublimations- und Brennschneiden unterschieden (Abb. 7.22). Bei allen drei Verfahren transportiert der Schneidgasstrom (Edelgas, Stickstoff oder Sauerstoff) das abgetragene Material vom Schneidort. Vor allem das Brennschneiden hat sich in der Metallverarbeitung durchgesetzt. Der Materialabtrag ba-

7 Laser und Laseranwendungen

siert hierbei auf einer lokalen Verdampfung mit anschließender chemischer Oxidation des Werkstoffs und Abtransport des oxidierten Materials in einem Strom aus Reaktivgas und überschüssigem Sauerstoff. Die Oxidation verringert die notwendige Laserleistung auf ca. 1 KW (cw) durch Freisetzung zusätzlicher thermischer Energie. Mittels Brennschneiden ist gratfreies Trennen von Baustählen bis zu 25 mm Plattendicke möglich. Die realisierbaren Schneidgeschwindigkeiten sind abhängig von der Blechdicke und betragen bei einem 5mm-Stahlblech ca. 4m/s.

Abb. 7.22 *Laserschneiden: Modell und Visualisierung*

7.5.2.3 Laserbohren

Ein modernes Einsatzgebiet des Laserbohrens ist die Leiterplattenfertigung (Abb. 7.23). Mit zunehmender Strukturverdichtung auf der Leiterplattenoberfläche müssen auch die vertikalen Verbindungsstellen auf der Leiterplatte (metallisierte Bohrlöcher) immer kleiner werden. Dem Laserbohren kommt dabei neben Alternativen, wie Plasmabohren oder optische Locherzeugung in photo-strukturierbaren Polymeren, zentrale Bedeutung bei der Fertigung von Sacklöchern zu. Laserbohrungen zeichnen sich durch ein ausgezeichnetes Aspektverhältnis aus. Mittels gepulster Nd:YAC-Laser werden heute sowohl Polymere als auch metallisierte Polymere gebohrt. Spezielle Vielstrahloptiken (Carl Zeiss AG) ermöglichen das gleichzeitige Bohren mehrerer Bohrlöcher.

Abb. 7.23 Erzeugung von sacklochgebohrten hochverdichteten Leiterplatten a) Sacklocherzeugung, b) Querschliff durch Sackloch, c) fertige Leiterplatte

7.5.3 Speichern, Lesen und Übertragen von Daten

Beim Speichern, Lesen und Übertragen von Daten werden die hervorragenden optischen Eigenschaften von Laserlicht ausgenutzt. Diodenlasern kommt dabei besondere Bedeutung zu. Sie sind klein, preiswert, und Signale können direkt über den Anregungsstrom auf die Grundfrequenz des abgestrahlten Laserlichts aufmoduliert werden. Als Anwendung seien hier beispielhaft die Detektion von Oberflächenauslenkungen (CD-Player, Abhöranlagen, AFM-Mikroskop; Abb. 7.24) sowie die Datenfernübertragung durch Glasfasernetze aufgeführt (Abb. 7.25).

Abb. 7.24 Einsatz von Lasern zur Detektion von Auslenkungen

7 Laser und Laseranwendungen

Eine dünne Glasfaser von einem Durchmesser von einigen Mikrometern kann eine durch Laser erzeugte Lichtwelle über mehr als 100 km übertragen. Für weitere Entfernungen sind Verstärkereinheiten notwendig, die bei der digitalen Datenübertragung die Qualität des Signals allerdings nicht beeinträchtigen. Glasfaserkabel eignen sich zur Übertragung von Wellenlängen im Bereich von 0,15- 3,5 µm (Quarzglas). Der Faserkern ist von einem Mantel kleinerer Brechzahl umgeben, an dem das Licht reflektiert wird. Zur Einkopplung in Glasfasern werden meist Diodenlaserarrays eingesetzt.

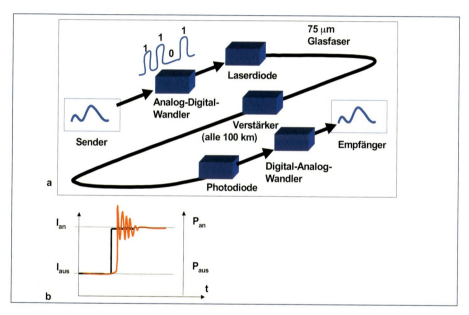

Abb. 7.25 a) Datenübertragung mit Diodenlasern, b) Modulationssignal und Emissionsverhalten im Vergleich

7 Laser und Laseranwendungen

Anhang

Lampenbezeichnungen/Abkürzungen/Lampenlebensdauern

Lampenbezeichnungen

Philips	Osram	Lampenklasse
Normal-Lampe	Classic-Lampe	Standard-Allgebrauchslampe
MASTER Line ES	Decostar IRC	Kaltlichtspiegel-Halogenreflektorlampe mit infrarotreflektierender Beschichtung
CDM	HCI	Hochdruck-Metallhalogendampflampe mit Keramikbrenner
HPL	HQL	Hochdruck-Quecksilberdampflampe
HPL 4 Pro	keine	Langlebige Hochdruck-Quecksilberdampflampe
HPI bzw. MHN/W	HQI	Hochdruck-Metallhalogendampflampe mit Quarzbrenner
LED	LED	Lichtemittierende Diode
QL	Endura	Induktionslampe
SON	NAV	Hochdruck-Natriumdampflampe
SON PIA	NAV 4Y	langlebige Hochdruck-Natriumdampflampe
SDW-T (G)	keine	Höchstdruck-Natriumdampflampe
SOX	SOX	Natriumniederdruckdampflampe
TL-D Super 80	Lumilux L	3-Banden-Leuchtstofflampe

Abkürzungen

Abkürzung	Bedeutung
EVG	Elektronisches Vorschaltgerät für Entladungslampen
IRC	infrared coating, infrarotreflektierende Beschichtung
IR	Infrarot
LASER	light amplification by stimulated emission of radiation
MHL	metal halide lamp, Hochdruck-Metallhalogendampflampe
PIA	Philips integrated antenna, aufgesinterte Zündhilfe
PMMA	Polymethylmethacrylat
UV	Ultraviolett
VIS	Visible, sichtbarer Spektralbereich

Lebensdauerdefinitionen von Leuchtmitteln

Mittlere Lebensdauer

Erwartungswert für das Betriebsintervall eines Leuchtmittels bis zu dessen technischem Versagen; Zeitintervall, innerhalb dessen in einer Leuchtmittelpopulation 50 % aller Leuchtmittel ausgefallen sind; gebräuchliche Charakterisierungsgröße in der Innenbeleuchtung.

5%-Lebensdauer

Zeitintervall, innerhalb dessen in einer Leuchtmittelpopulation 5 % aller Leuchtmittel ausgefallen sind; gebräuchliche Charakterisierungsgröße in der Außenbeleuchtung.

Nutzlebensdauer (80%-Nutzlebensdauer)

Zeitintervall, innerhalb dessen in einer Leuchtmittelpopulation der Gesamtlichtstrom auf 80% des Anfangswertes zurückgeht. Dabei kommt es nicht darauf an, ob für den Rückgang Lampentotalausfälle oder der Lichtstromrückgang noch brennender Leuchtmittel verantwortlich sind; gebräuchliche Charakterisierungsgröße für Leuchtstofflampen.

Restlichtstrom (%) · Überlebensrate (%) = 80%

Literaturempfehlungen

[1] Organic Light-Emitting Devices, J. Shinar, 1st Ed., Springer Berlin 2003.

[2] The Blue Laser Diode: The Complete Story, Shuji Nakamura et al, 2nd Ed., Springer Berlin 2002.

[3] Nonclassical light from Semiconductor Laser and LED, Kim, J., Somani, S., Yamamoto, Y., Springer Berlin, 2001.

[4] Neue Lichtemitter auf der Basis von II-VI-Halbleitern, G. Reuscher, Tectum 2001.

[5] Laser – Bauformen Strahlführung, Anwendungen, J. Eichler, H.-J. Eichler, Springer Berlin, 4. Auflage 2001.

[6] Grundlagen der optoelektronischen Halbleiterbauelemente, H.-G. Wagemann/ A. Schmidt, Teubner Heidelberg, 1998.

[7] R. Baer, Beleuchtungstechnik – Grundlagen, Verlag Technik, Berlin, 2. Auflage 1996.

[8] Halbleiter-Optoelektronik, M. Bleicher, Hüthig Heidelberg 1986.

[9] Optoelektronische Halbleiterbauelemente, R. Paul, Teubner Heidelberg 1985.

[10] G. Wedler, Lehrbuch der Physikalischen Chemie, VCH-Verlag, Weinheim, 2. Auflage 1985.

[11] C. C. Sturm/ E. Klein, Betriebsgeräte und Schaltungen für elektrische Lampen, ISBN 3-8009-1586-3.

INDEX

A:
Allgebrauchslampe 27
Auge 14, 16, 17, 19

B:
Beleuchtungsstärke 16, 17
Bestrahlungsstärke 16
Bogenentladung 44, 45, 47
Bolzmann-Gleichung 56

C:
carrier confinement 77
Clausius-Clapeyronische Gleichung 27
Colour-Rendering-Vector (CRV) 22
CRV-Diagramm 22
CRV-System 23

D:
Drude - Metallmodell 34

E:
Edison 25, 26
Eggert-Saha-Gleichung 44, 55
Elektron-Lochpaare 70
Elektronenleitung 69, 73
Emissionsverhalten 68
Empfindlichkeitsmaximum 15, 16
Energieband 71
Exzitonen 70, 74, 75

F:
Farbe 13, 19
Farbempfindung 19
Farbort 22
Farbsehen 15, 19

Farbvalenz 19
Farbwiedergabe 21, 22, 23
Farbwiedergabe-Index, allgemeiner 21
Farbwiedergabe-Index, spezieller 21
Fermi-Dirak-Statistik 72
Fermikante 72, 73, 74
Fluoreszenz 50, 51
Franck-Condon-Prinzip 50

G:
Ganglienzellen 15
Glimmentladung 46
Glühlampe 25, 26, 28, 29, 30, 31

H:
Halbleiter   67, 68, 69, 70, 72, 73,
                  74, 75, 76, 78, 80
Halogen-Kreisprozess 36, 37, 38, 40
Halogenlampen 35, 36, 38
Heterostrukturen 76
Heteroübergänge 76, 77
Hochdruck-Natriumdampflampen 62, 64
Hochdruck-Quecksilberdampflampen 56, 61
Hochdruckplasmen 55
Huygenssche Wellentheorie 13
Huygenssches Prinzip 13

I:
Intersystem Crossing 51
Ionisierungsbedingung 46
IRC-Schichten 38
isoelektrische Störstellen 75
Isolatoren 70, 72

INDEX

K:
Kaltlichtspiegellampen 41
Korpuskulartheorie 13
Kronig-Penney-Modell 71

L:
$\lambda/4$-Schicht 39
Langmuir-Modell 30
Le-Chatelier-Prinzip 35
Leiter 70, 72
Leitungsband 71, 72, 73, 75
Leuchtdichte 15, 16, 17, 20
Leuchtstofflampen 48, 49, 50, 51, 52
Lichtemission 46, 47, 48, 49
Lichtstärke 16, 17
Lichtstrom 16, 17
Lichtwelle 13, 14
Lochleitung 69, 73
Lumineszenz 67

M:
Magnetische Induktionslampe 54
Maxwell-Bolzmannschen Geschwindigkeitsverteilung 43
Metallhalogendampflampen 59, 60, 61
mittlere Lebensdauer 26, 30
Mond-Langer-Verfahren 36

N:
n-Dotierung 69, 73
Na-Hochdruckentladung 63
Niederdruck-Natriumdampflampe 52
Niederdruckplasmen 43
Normfarbtafel 20
Normfarbwert 20

Normfarbwertanteile 20
Normvalenz 19

O:
Ohmsche Gleichung 28
optical confinement 77
Ostwald-Reifung 30

P:
p-Dotierung 69, 73
Penning-Gemisch 53, 57
Phosphoreszenz 51
Photoeffekt 14
photometrische Grundgesetz 18
Plancksche Strahlungsformel 32
pn-Kontakt 69, 70, 74
Poynting-Vektor 13
Puffergas 60
Purkinje-Effekt 15

Q:
Quantenhypothese 14
quantum walls 77
Quecksilberentladung 57, 58, 55ff

R:
Rayleigh-Jeanssche Gleichung 33
Rekombination 70, 76
Rekombinationsstrahlung 45
Richardson-Dushmannsche Gesetz 47

S:
Schwarzer Strahler 31
SDW-T Lampen 64
Selbstabsorption 56, 58, 60, 64, 65

2 Thermische Strahlungsquellen

selbständigen Gasentladung 46, 47
SON-Lampe 62, 63, 65
Spektrale Empfindlichkeitskurven 16
Spektrale Farbreizfunktion 19
Spektrale photometrische
Strahlungsäquivalent 16
Spektralfarbe 20
Spektralfarbenzug 20
Stokesches Gesetz 51
Strahldichte 16
Strahlstärke 16
Strahlungsleistung 16, 17

T:
Thermische Strahlungsquellen 31

U:
Unbuntpunkt 20, 22
unselbständigen Entladung 45, 46

V:
Valenzband 71
Van't Hoffsche Reaktionsisobare 35

W:
Wasser-Kreisprozess 36
Welle – Teilchen – Dualismus 13
Wellentheorie 13
Wiensches Verschiebungsgesetz 31

Z:
Zündhilfe (PIA) 63, 64, 65

DESIGN | PLANUNG | TECHNIK   ... Information im Abonnement

6 x im Jahr **HIGHLIGHT**, das Fachmagazin der Lichtbranche inkl. **HIGHLIGHT** Kompakt, dem Newsletter für Abonnenten

kostenlos für Abonnenten der praktische **LIGHTGUIDE** - Adressführer 2005 / 2006

Ja, ich möchte HIGHLIGHT als Neukunde für mindestens ein Jahr abonnieren. Bitte senden Sie mir ab der nächsterreichbaren Ausgabe mein persönliches Exemplar und dazu HIGHLIGHT Kompakt, die Beilage für Abonenten. Zusätzlich erhalte ich als Abonnement kostenlos den LIGHTGUIDE-Adressführer 2005/2006.

Abonnementspreis für ein Jahr/sechs Ausgaben € 39,80 (plus Versandkostenanteil und gesetzl. MwSt.).

Firma _____

Ansprechpartner _____

Straße / Postfach _____

PLZ / Ort _____

Land _____

Tel. / Fax _____

Datum / 1. Unterschrift _____

Zahlungswunsch:

○ VISA/DINERS/MASTERCARD
   Kartennr.: ____-____-____-____
   gültig bis: ____

○ BANKEINZUG
   Konto _____
   BLZ _____
   Institut _____

○ RECHNUNG

Widerrufsgarantie:
Ich bin darüber informiert, dass ich diese Vereinbarung innerhalb von 14 Tagen schriftlich beim HIGHLIGHT-Leserservice, Postfach 1038, 59598 Rüthen, widerrufen kann. Zur Wahrung der Frist genügt die rechtzeitige Absendung des Widerrufs. Dies bestätige ich durch meine zweite Unterschrift.

Datum / 2. Unterschrift _____

Ausschneiden oder kopieren und ...

... per Fax an 0 29 52 / 97 59 201   ... per Post an HIGHLIGHT-Leserservice, Postfach 1038, 59598 Rüthen

See more value
Build your business

Die Philips Lighting Academy hilft Ihnen, Ihr Lichtwissen zu erweitern.
Nähere Informationen und Anmeldung unter www.philips.com/akademie

PHILIPS

Philips MASTER Colour CDM
Seit mehr als 10 Jahren gross in Mode

Das **Philips MASTER Colour CDM**-Beleuchtungssystem ist die richtige Wahl für den Mode-Einzelhandel. Es sorgt für eine angenehme und natürliche Atmosphäre in Ihrem Geschäft. Ganz gleich was gerade in Mode ist, mit Philips MASTER Colour kommt es einfach besser zur Geltung.

PHILIPS
sense *and* simplicity

www.philips.de/lighting